我在后市河边徜徉，看着一座座小桥，一个个水埠，老民居斑驳的墙头上开着老式的木窗，一层两层，瓦屋顶、马头墙，一边是花园和菜圃，春去秋来，细柳拂水，花木争辉，一户挨着一户，花园连着花园，绵延数百米长，这片美景真令我流连忘返了……

——阮仪三、袁菲、葛亮《新场古镇：历史文化名镇的保护与传承》

© 新场古镇后市河岸

前言

“新场镇，距下砂九里，以盐场新迁而名。赋为两浙之最。四时海味不绝，歌楼酒肆，贾衒繁华，视下砂有加焉……”（——［明］《弘治 · 上海志》）

新场古镇位于今日上海浦东南汇新镇的西北方向。此地曾经是浦东地区面向东海的海岸线。古镇区域成陆的历史可追溯到约七千年前，长江和新安江两条河流的共同冲刷，逐渐在此形成大片滨海滩涂。这里偏安一隅，岸线平缓，几乎没有礁石，有极好的制盐条件。而经历数次战乱导致周边地区的移民来此谋生，从事盐业生产。明清时期随着陆地的进一步扩展，农耕生产生活发展，人们安居于此，各个聚落逐渐成长，形成江南古镇格局。

近代开埠以后，上海迅速成为中国工商业最发达的现代都市，中心城区租界和华界的繁荣，进一步促进了浦东乡镇的发展。这个历史过程，都刻写在今日浦东多个镇区的传统街区和历史建筑中，而新场，就是其中留存下来的规模最大、空间格局最完整、建筑风貌品质最好的古镇，是呈现上海江南文化底色的珍贵遗产。

新场还显现出作为水乡古镇的特殊性：古时因盐而兴，生产和运输需要形成的四横一纵空间脉络格局清晰可辨，延续至今；传统住宅也以“前店中宅、跨水为园”的空间格局，形成江南传统民居中的特色类型。新场又以汇集诸多江南地区移民而发达，历史建筑的形制、样式和装饰上明显反映新安江流域、太湖地区、东南沿海多种地域传统文化的影响，而近代上海引入的西式建筑元素，也以各种方式被巧妙融入多座传统住宅中。新场的开放与融合以传统为基石，与上海中心城区大都市的海纳百川形成呼应，互为映照。

2005 年，新场古镇被列入上海郊区 32 片历史文化风貌区名录；2008 年，新场古镇又成为中国历史文化名镇。新场古镇的当代保护与发展，见证了从国家到地方各级政府、从专家学者到社会各方以及古镇百姓珍视地方文化遗产、保护传承地域文化的

新场意匠

新场古镇历史文化风貌区设计与管理导则

宣磊 编著

上海联创设计集团股份有限公司 策划

同济大学出版社·上海
TONGJI UNIVERSITY PRESS · SHANGHAI

编委会

编　著：宣　磊

顾　问：卢永毅

主编单位：上海联创设计集团股份有限公司

参编单位：上海市浦东新区新场镇人民政府

共同目标和不懈努力。2012年，由同济大学阮仪三教授团队编制的《上海市新场历史文化风貌区保护规划》（以下简称《保护规划》）获上海市人民政府批准，成为新场古镇建立历史文化风貌的整体保护与日常管理的标志性开端。

实践古镇保护，要求当地政府管理部门、专业设计人员和居民使用者在保护理念、风貌认识、修缮要求、环境治理和建设控制等各个方面建立价值共识，形成合作模式。因此，将《保护规划》真正落地，体现其古镇保护的法规地位，更有效地发挥规划的指导与控制作用，推动古镇保护和发展的精细化管理，为古镇历史风貌区建立一套更深入和细致的设计与管理导则，是很有必要的。这就是编写本书的动因。

《新场意匠：新场古镇历史文化风貌区设计与管理导则》（以下简称《导则》）分为上篇和下篇。上篇通过对新场古镇历史环境形成过程的深入研究，为古镇风貌特征建立了从空间格局到各类历史建筑特征要素的知识图谱，使保护管理实施过程从宏观格局到微观装饰的特征认识和保护要求都有据可依。下篇是关于设计与管理导则的使用办法，旨在为古镇区域内任何一项涉及保护修缮、环境整饬和改造建设的项目组织管理审批操作流程，建立设计技术指导，提供路径和方法，真正实现古镇风貌保护实践的社会合作。

编制这部《导则》历时六年。从历史研究到现场调研与测绘，既凝聚了编制团队的辛勤工作，也包含了新场古镇几届领导、基层干部与镇上居民的长期支持和协商磨合。值得一提的是，在编写过程中，2019年由新场古镇与其他10余个古镇联合申报的“江南水乡古镇”申遗项目已正式被国家文物局列为“中国世界文化遗产预备名单”。希望这部《导则》的出版，可以助推相关世界文化遗产的申报工作，更希望《导则》成为新场古镇历史保护工作的新起点，进入到古镇保护管理、修缮设计和活力再生的实践一线，发挥其真正的价值和作用！

卢永毅

目录

© 新场古镇 洪桥港航拍

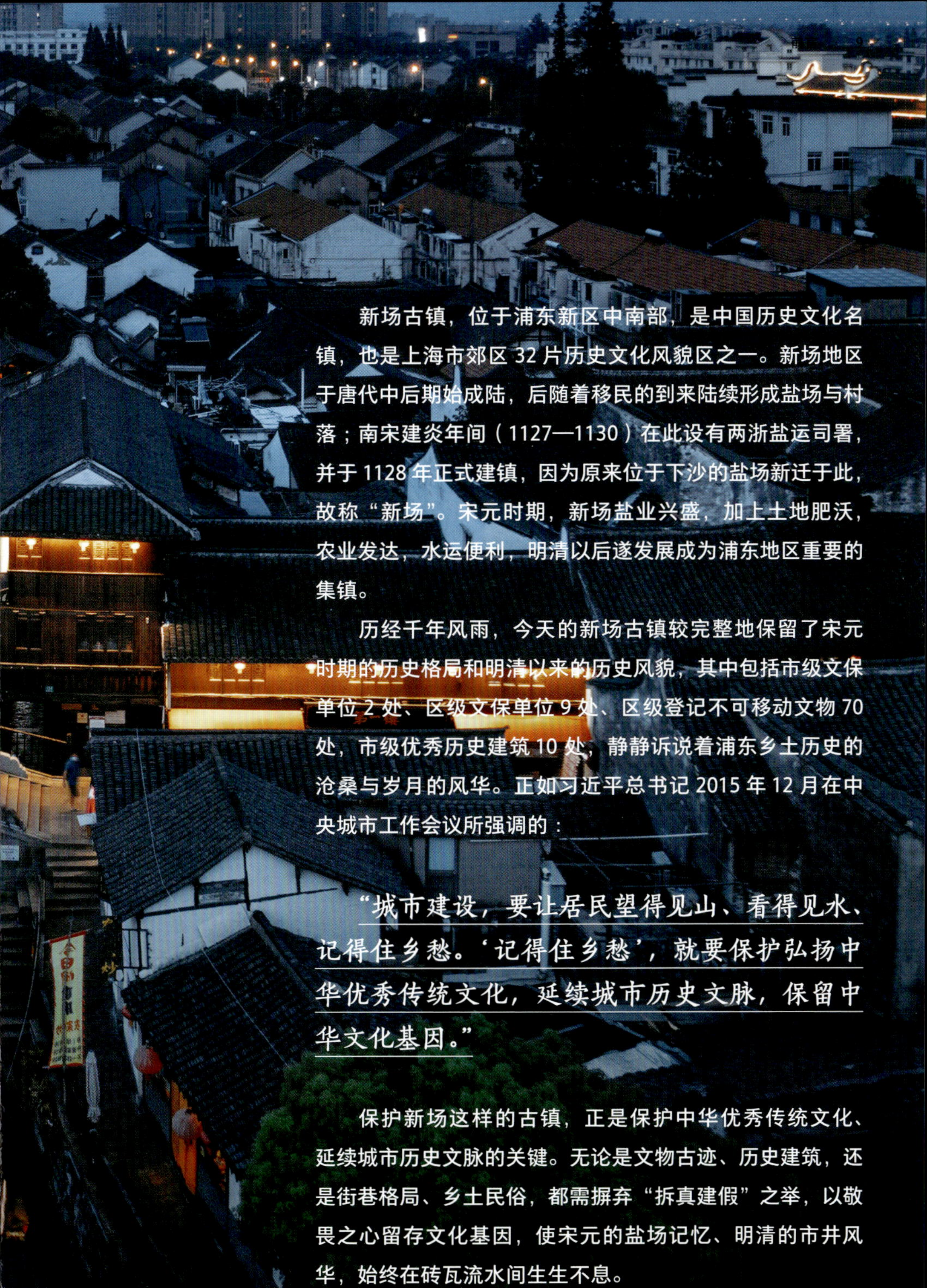

新场古镇，位于浦东新区中南部，是中国历史文化名镇，也是上海市郊区 32 片历史文化风貌区之一。新场地区于唐代中后期始成陆，后随着移民的到来陆续形成盐场与村落；南宋建炎年间（1127—1130）在此设有两浙盐运司署，并于 1128 年正式建镇，因为原来位于下沙的盐场新迁于此，故称“新场”。宋元时期，新场盐业兴盛，加上土地肥沃，农业发达，水运便利，明清以后遂发展成为浦东地区重要的集镇。

历经千年风雨，今天的新场古镇较完整地保留了宋元时期的历史格局和明清以来的历史风貌，其中包括市级文保单位 2 处、区级文保单位 9 处、区级登记不可移动文物 70 处，市级优秀历史建筑 10 处，静静诉说着浦东乡土历史的沧桑与岁月的风华。正如习近平总书记 2015 年 12 月在中央城市工作会议所强调的：

“城市建设，要让居民望得见山、看得见水、记得住乡愁。‘记得住乡愁’，就要保护弘扬中华优秀传统文化，延续城市历史文脉，保留中华文化基因。”

保护新场这样的古镇，正是保护中华优秀传统文化、延续城市历史文脉的关键。无论是文物古迹、历史建筑，还是街巷格局、乡土民俗，都需摒弃“拆真建假”之举，以敬畏之心留存文化基因，使宋元的盐场记忆、明清的市井风华，始终在砖瓦流水间生生不息。

史述新场

新场，海上巨镇，其东有五龙墩，又东折而南，北为诸灶港[1]及龙游，衡镇其间。而镇之港西曰马路港者，实受海潮之入，自黄龙浦达诸港，溉农亩以钜万计，而商人藉通艖舰，取赢不赀，斯东南之大利也。……弥望皆沃衍，而商舰般凑，农甿乐业，咸赖其利。

——《莫如忠浚龙游马路二港记》（〔明〕《吴中水利全书》卷二十五）

[1] 灶港，是贯穿南北的主干河道——运盐河的支河，东西向。诸灶港指多条灶港，自南至北排序，有南一灶港、二灶港，北一灶港、二灶港等。

新场镇，距下砂九里，以盐场新迁而名。赋为两浙之最。四时海味不绝，歌楼酒肆，贾衒[2]繁华，视下砂有加焉……

——〔明〕《弘治 · 上海志》卷二

[2] 衒，从行（háng），玄声。与街道有关，本义沿街叫卖。世人多误为“街”。

新场镇，在下沙南九里，一名南下沙。元初置盐场于此，场赋为两浙最，贾贩甚盛……

——〔清〕《读史方舆纪要》卷二十四

石笋里者，新场之别名也。相传有石矗焉，如笋高倍于人，由以得名。新场者，上洋之巨镇也。去大海三十里而近，去九峰百里而远。故，游观之辈每乐望洋易，而苦登眺难。其水通黄浦达三泖，故商旅帆樯，辐凑于境；其地饶鱼盐；其植宜棉花大豆，故俗勤机杼，而不务桑麻；其间读书仕宦及骚人隐仕，志趣各异；其园亭寺观景物之可玩者，不一而足。余长男允孝寓此有年余，故时一往焉。至则酬酢迎送宴享之仪，概谢不敏。日出奚囊，所携书卷笔床砚匣。独坐小室，与炉香茗椀相为晨夕而已。偶一兴至，偕二三知己，寻花问竹，对弈分题。或眺洪涛于溟渤，或参老衲于精蓝，与夫怀人访友。岁月既深，纸墨渐积存。虽无取，弃亦未能。遂加拣择，缮写成帙，用以验境会之变迁，考齿发之衰壮，识道路之夷险。抚今追昔，恍然如在。夫由具区以之石笋，屈指舟涂不能四百里，其间所涉淀泖春申，惊涛阔浪，或风雨晦暝，或冰霜互结，甚则行旅戒心，鱼龙骇目，咫尺海滨，几同弱水。吁，余兹惫矣行。且鷦寄一枝，蛹藏蚓缩，以息老于穷岩仄牖之下，岂复驰心户外哉。因时以此帙陈诸几上，倘知己过从得共览观，以当少文之卧游云尔。

——《石笋里诗存序》（〔清〕《许子诗文存》）

新场镇，距下砂九里，一名南下砂，又名石笋里。明正统二年，迁盐场于此，故又有今名。场赋为两浙最，北桥税司杜浦巡司亦尝徙此，嘉靖间倭寇初平，里人呈请建城，立县后改筑于川砂堡，向有分司公署，今废。

——〔清〕《江南通志》

新场，一名南下砂，一名石笋里。元时迁盐场于此，故名。歌楼酒肆，贾衒繁华，县未过也。

——〔清〕《雍正 · 云间志略》

南汇，以雍正二年割上海分建……境内新场镇左右最为沃壤，余地半多斥卤……

新场镇，邑西南二十四里，一名石笋滩。宋建炎间有两浙盐运司署，后迁盐场于此，故得今名。北桥税司亦来此收税。歌楼酒肆，商贾辐辏，乡人有赛苏州之谣。南北街长四五里，东西各二里许。科第两朝称盛。后毁连旺三桥，稍替矣，匪扰后廛舍焚毁，名迹就湮，今虽复成市，寥落处犹多。

——〔清〕《光绪 · 南汇县志》

绿杨矶畔浣轻纱，风景依稀似若耶。
郎若有心来过访，桃花篱落是侬家。
此来乡曲也栽桑，陌上提筐摘叶忙。
最是新蚕上山后，楝花风里煮丝香。[1]
烟雨凄迷卜氏坟[2]，千秋古木势穿云。
栽来此地寻幽躅，犹话当年御寇勋。
妾去乘潮理钓纶，郎寻归棹趁斜曛。
劝郎分水墩[3]休去，水到墩前也自分。
萧萧蒲叶响平洲，碧水无情只自流。
一片颓垣荒草里，至今犹说御书楼。[4]
鸳鸯绣出色丝工，自昔传闻歇浦东。
今日绣花坡[5]上过，胭脂零落野花红。
教传天主最堪虞，讲说风行遍海隅。
多少乡民齐入社，[6]声声赞美念耶稣。
丹枫深处洞门[7]虚，传说麻姑此地居。
我爱中书题壁句，夕阳衰草蔽邱墟。[8]
千秋桥下钓鱼还，烟树参差暝色斑。
唱山渔家新乐府，纤纤月子两头湾。

[1] 迩年乡中多习蚕事。

[2] 卜将军墓俗呼为上方山。

[3] 邑志云：分水墩在鹤坡塘之西。

[4] 楼为程氏坟居，今毁。

[5] 绣花坡在千秋桥东里许。

[6] 乡人多有信天主教者。

[7] 仙洞丹霞为笋滩十景之一，有一古洞在乱石堆中，相传为麻姑仙现形处。

[8] 夕阳衰草蔽邱墟，叶恒府中书题壁句也。

新场历史保护之路

奚家厅街景

新场

20 世纪 80 年代

新场镇政府修复千秋桥、后市河、洪桥港的石驳岸。

1986 年

新场镇政府复原石笋里牌坊。

上海

1930 年

南京国民政府颁布第一部文物保护法——《古物保存法》。

1959 年 5 月

上海市人民委员会公布第一批文物保护单位。

1982 年

上海市规划局在《〈上海市城市总体规划方案〉建筑保护规划说明》中提出文物保护单位和优秀近代建筑的名单及其保护办法。

1986 年 12 月

国务院批准上海为第二批国家历史文化名城。

20 世纪 90 年代

新场镇对镇域内水系河道进行保护，避免被现代化的城市建设填没，也保证了古镇区域内的排水体系。

2000 年

新场镇居民呼吁保护古镇，镇人大代表正式提出新场古镇保护议案。

2002 年 5 月

新场镇政府成立新场古镇保护办公室。

新场的耶稣堂、保佑桥、南山寺、张氏宅第、第一楼书场、千秋桥、石驳岸及马鞍水桥成为浦东新区区级文保单位。

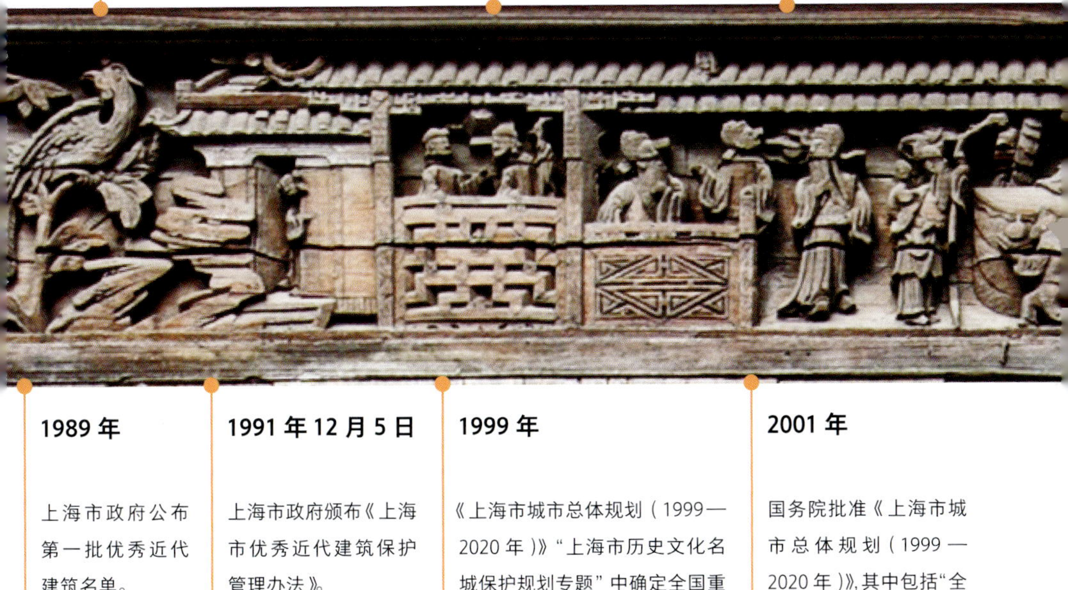

1989 年

上海市政府公布第一批优秀近代建筑名单。

1991 年 12 月 5 日

上海市政府颁布《上海市优秀近代建筑保护管理办法》。

1999 年

《上海市城市总体规划（1999—2020 年）》“上海市历史文化名城保护规划专题”中确定全国重点文保单位 13 处、市级文物保护单位 113 处、市级优秀近代建筑保护单位 337 处、区县级文物保护单位 82 处，以及 21 处纪念地和 15 处古文化遗址保护地。划定中心城内 11 处历史文化风貌保护区。

2001 年

国务院批准《上海市城市总体规划（1999—2020 年）》，其中包括“全市历史文化名城保护”和“中心城旧区历史风貌保护”规划专题。

扁舟逐水到云根，归路迳看隔岸村。
流出落花春水腻，却疑此处是桃源。[9]
江乡风味数无肠，削竹编毛结椵忙。
每到秋风萧瑟夜，□星蟹火傍寒塘。
秋光萧瑟乱云堆，刈获家家陇上来。
白稻红莲俱未熟，[10]登场先认带犁回。

——〔清〕《笋滩竹枝词》（《申报》1873 年 7 月 4 日版）

[9] 新场西街向有桃花林，今废。

[10] 稻之最先熟者俗称六十日稻，即邑志中所谓带犁回也。

新场镇在浦东中心，为四方走集之地。人烟素称稠密，市肆亦颇殷盛。

——〔民国〕允怀《地方通讯：新场教会之新发展（上海）》
（《兴华》，1922 年，第 19 卷，第 38 期）

新场镇，梁前京城[11]，为浦东设城之最古者。虽城址无考而形势冲要，当奉、南两邑间水陆通道。宋、元后，即市集繁盛，人文蔚起。有南北街一，长三里有奇，中间有洪福桥至受恩桥一段尤为菁华所聚。横街一，东自千秋桥起，西至白虎桥止，长一里有半。大小商店通镇约三百家，士族以康、叶两姓为著。

——〔民国〕《南汇县续志》

[11]《光绪 · 南汇县志》中记载：前京城在邑十九保之石笋里。《舆地纪胜》：前京城在华亭县东南，以近京浦，因名，梁天监七年筑。按府志历代建置图注，梁大同初建在府城东南八十里今十九保地。《建置志 · 古城目》内云：在华亭东南八十五里，梁置。虽记里稍殊，而在郡治东南则皆合，十九保，又合属邑境。以地望准之，相传在石笋里者近似。前志遗，参府志补。宋许尚《华亭百咏 · 前京城》诗云：庐落皆无有，依稀古堞存。登临认遗迹，林莽暮烟昏。但据复旦大学谭其骧教授在《上海市大陆部分的海陆变迁和开发过程》一文中考证“前京故址即南宋沦入海中的金山城”。并且梁天监七年为 508 年，此时新场周边地区尚未成陆，故此处断定新场镇为浦东地区最早建设城池的依据有不足之处。

新场镇成镇之时，正值下沙盐场的鼎盛期，盐产量之丰，灶户数之众，在当时曾冠于浙西诸场。当时镇区歌楼酒肆，商贾辐辏，其繁华程度曾一度超过上海县城，有“赛苏州”之誉，是当时浦东平原上的第一大镇。

——《南汇县志》（1992 年）

镇政府集中对新场大街、洪桥港、包桥港两侧的大部分历史建筑进行整治和修复。

2003—2007 年

公布不可移动文物 29 处。

成立新场古镇保护领导小组。

2003 年

疏浚河道，修建其中两千余米的河道驳岸。复建三座牌坊，以及石板路。整治南山寺周边环境，新建四库书房，修建下塘街生活休闲区。修复第一楼书场。修缮新场历史文化陈列馆。

2004—2007 年

新场古镇建设开发有限公司成立，主要负责新场古镇的古建筑保护与利用、古镇建设、古镇旅游及相关产业的开发。

2004 年

新场古镇被列为上海市郊区 32 片历史文化风貌区之一。

2005 年

新场镇被评为中国
名镇。

2008 年，同济大学
授团队完成《上海
史文化风貌区保护

2012 年，上海市政
海市新场历史文化
护规划》。

2008—2012 年

2002 年 7 月 25 日

上海市政府颁布《上海市历史文化风貌区和优秀历史建筑保护条例》。

2003 年 11—12 月

11 月，上海市政府批准《上海市中心城历史文化风貌保护区范围划示》确定中心城区 12 片历史文化风貌区。

12 月，上海市建设和管理委员会颁布《优秀历史建筑修缮技术规程》(DG J08—108—2004)。

2005 年

上海市政府成立上海市历史文化风貌区和优秀历史建筑保护委员会。

上海市政府批准《上海市郊区及浦东新区历史文化风貌区范围划示》，确定郊区及浦东新区范围内 32 片历史文化风貌区，新场古镇名列其中。

万史文化

阮仪三教
市新场历
见划》。

肘批复《上
风貌区保

新场古镇承办首届上海城市空间艺术季新场分展场。

2015 年

新场古镇新增两处市级文物保护单位：第一楼书场和信隆典当行。

2014 年

同济大学卢永毅教授团队完成的《新场古镇历史文化风貌区保护设计导则》通过专家评审。

2016 年

新场镇被列入第二批全国特色小镇。

2017 年

© 李锦章宅

2008 年

上海市新场镇、嘉定镇入选第四批中国历史文化名镇。

2016 年

《上海市城市总体规划纲要（2015—2040）》《上海市历史文化名城保护规划》编制完成。

2019 年

江浙沪地区 11 个古镇联合申报“江南水乡古镇”世界文化遗产，新场古镇名列其中。

2023 年

浦东新区人民政府公布《浦东新区江南水乡古镇保护办法》。

今天新场古镇历史风貌的保护成绩斐然，一方面归功于世代在此生活的居民对古镇历史文化的热爱和珍视；另一方面也归功于上海市近几十年对历史保护工作的深入推动。

与上海城区的历史保护历程同步，新场的历史保护工作也经历了以下阶段：2005 年以前，主要是以历史文物单体为主开展保护工作，例如，对千秋桥的修复、对石笋里牌坊的复原等。2005 年，新场古镇被列入上海市郊区 32 片历史文化风貌区，标志着新场的历史保护进入整体性保护为主的阶段：历史资源得到系统、全面梳理提升；不仅仅针对文物建筑的保护修缮，对主要街道的整体风貌和特色节点空间也进行了整治和修复。2008 年，新场古镇入选第四批中国历史文化名镇。2012 年，同济大学阮仪三教授团队编制的《上海市新场历史文化风貌区保护规划》获得批复。2023 年，浦东新区人民政府印发《浦东新区江南水乡古镇保护办法》，对新场古镇传统民居的保护提出要求。

如今，新场的历史保护工作更加注重保护措施的落地和社区发展的可持续，是基于全面价值判断的、兼顾历史保护与更新的、符合社会发展需求的保护工作[1]。

[1] 新场古镇历史保护历程的内容主要来源于对沈申元老师的采访和 1980 年《新场镇志》的记录。

◎ 张沛君宅

缘起、目的

缘起

新场，是浦东地区自宋元以来，因盐而兴，因农而安，因商嬗变，在清末达到繁荣鼎盛，并受到多种移民文化影响而形成的古镇，是浦东地区乡土聚落发展的典型代表，是阅读浦东地区特色聚落空间更迭变迁的重要文本。新场古镇的水陆空间格局、历史景观和建筑文化是不同历史时期、不同社会因素、不同地域文化共同叠加的结果。

今天的新场古镇保留了完整的浦东原住民的生活状态和生活方式，和与之相应的历史空间格局、景观和建筑文化，共同承载了当地居民的集体记忆和深厚感情，是活的新场，是不断完成自我更新的乡土聚落。这一切既是新场的价值所在，也是保护工作的重点和难点。2012 年的《保护规划》对新场古镇的历史文化资源进行了全面系统地梳理；在《上海市郊区和浦东新区历史文化风貌保护范围划示》(2005 年)中为新场确定的 146.9 公顷保护范围基础上，进一步划定了 47.8 公顷的核心保护范围和 99.1 公顷的建设控制范围；在城市控制性详细规划层面上，对新场的空间格局、历史建筑、用地规划、道路水系、市政工程、公共空间等层面提出了具体的保护和建设控制要求，形成了对新场古镇历史保护的整体性框架。2023 年印发的《浦东新区江南水乡古镇保护办法》是为加强浦东新区江南水乡古镇的保护和管理，保存水乡古镇特色风貌，促进水乡古镇可持续发展而制定的管理办法。其明确了十类保护对象，包括整体空间环境，河湖水系，历史街巷，不可移动文物，优秀历史建筑，传统民居以及反映江南水乡古镇历史文化风貌的其他建（构）筑物，古树名木，

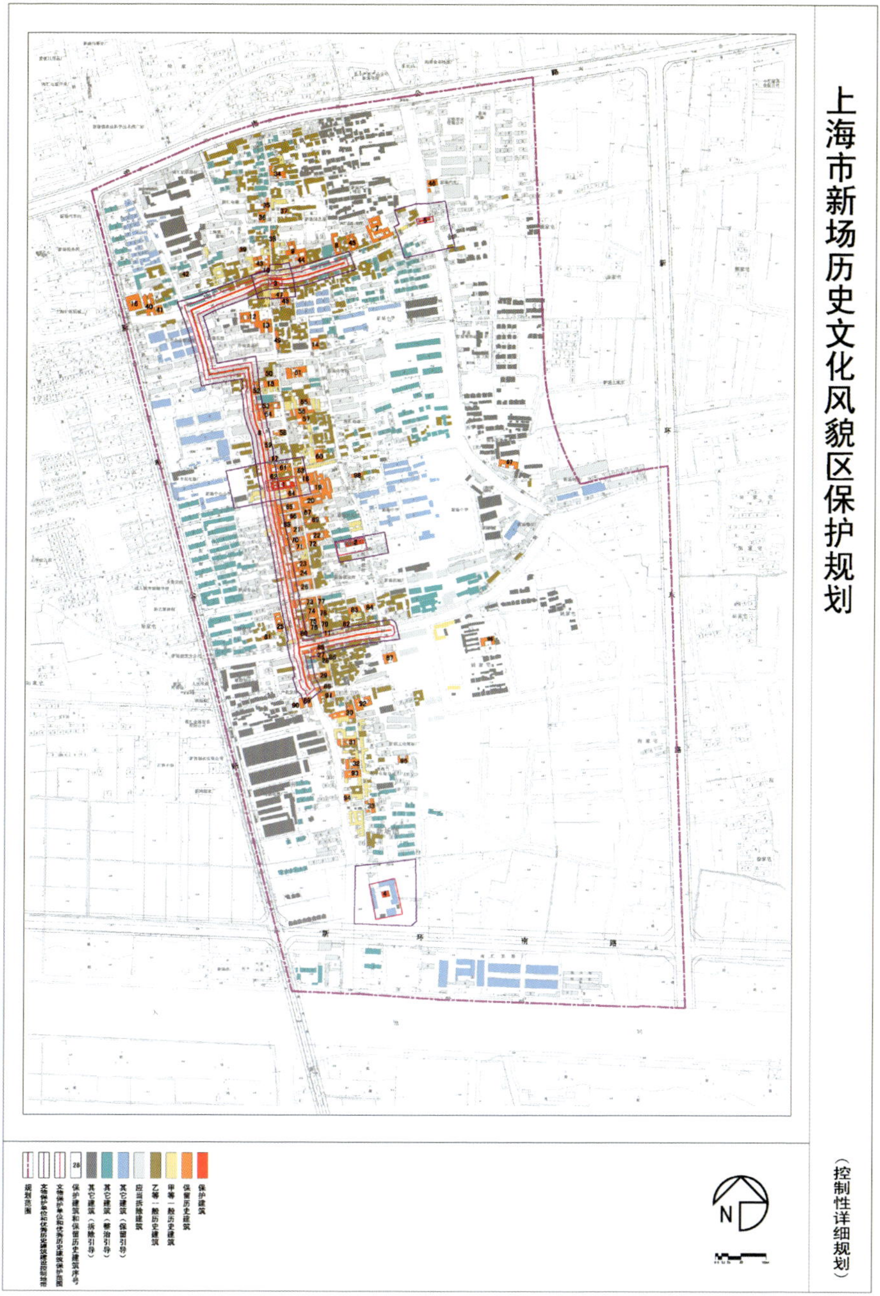

◎ 建筑保护与更新类别规划图

民风民俗、传统戏曲、传统技艺等非物质文化遗产，历史地名、方言、老字号，以及其他具有突出普遍价值的江南水乡古镇构成要素。

这一系列规范文件构成了新场古镇历史保护的系统框架、原则和工作重点，但在具体操作过程中，对于大量一般历史建筑或需要整治建筑的修缮改造，以及居民为满足日常生活和活化利用需求而进行的频繁建造活动，还需要更具体的面向实际建造活动的技术指导和精细化管理。这正是《新场意匠：新场古镇历史文化风貌区设计与管理导则》需要面对和解决的问题。

目的

《导则》的首要目的是承接并深化相关保护法规的技术要求，从学术研究出发，在新场古镇整体风貌保护的具体实施层面提供技术引导；优化古镇风貌管理体系，为管理部门提供明确的管理依据；为居民和使用者提出清晰的建设要求；为设计和施工方明确技术要点。通过进一步呈现新场的历史文化价值，引导各方共同遵守《导则》，形成基于文化价值认同的居民共建机制，推进新场历史保护工作的精细化管理，将保护工作融入日常生活。

在多方共同努力下，新场古镇珍贵文化遗产的保护日趋完善，确保古镇历史文化得以长久传承，避免在现代化进程中遭受破坏或遗失；同时推动新场古镇文旅事业发展，实现历史文化保护传承与城市更新的有机融合，为其他古镇的保护与发展提供可借鉴的经验。

上篇

新场古镇
历史风貌区解读

浦东地区的历史文脉与古镇聚落概述

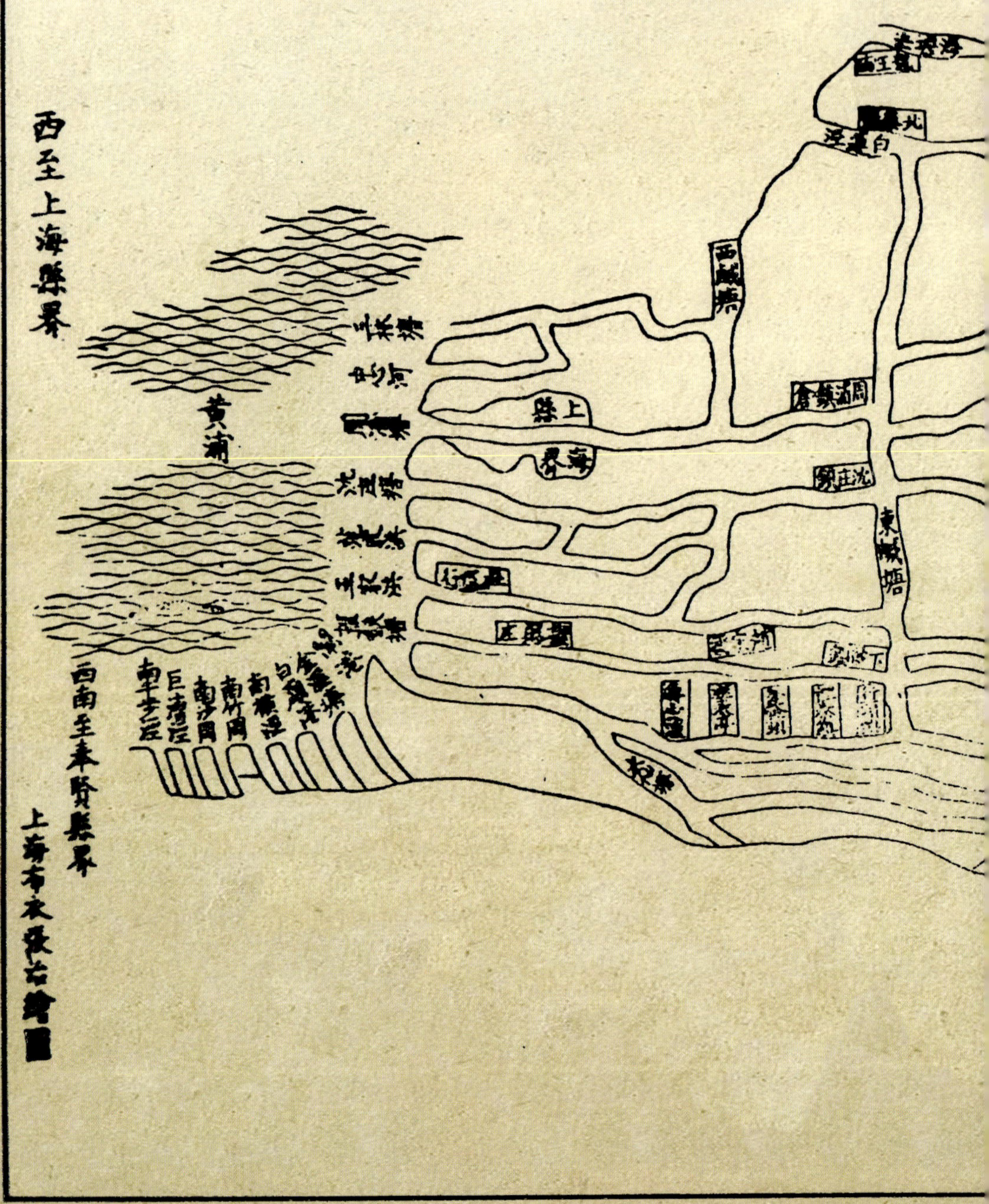

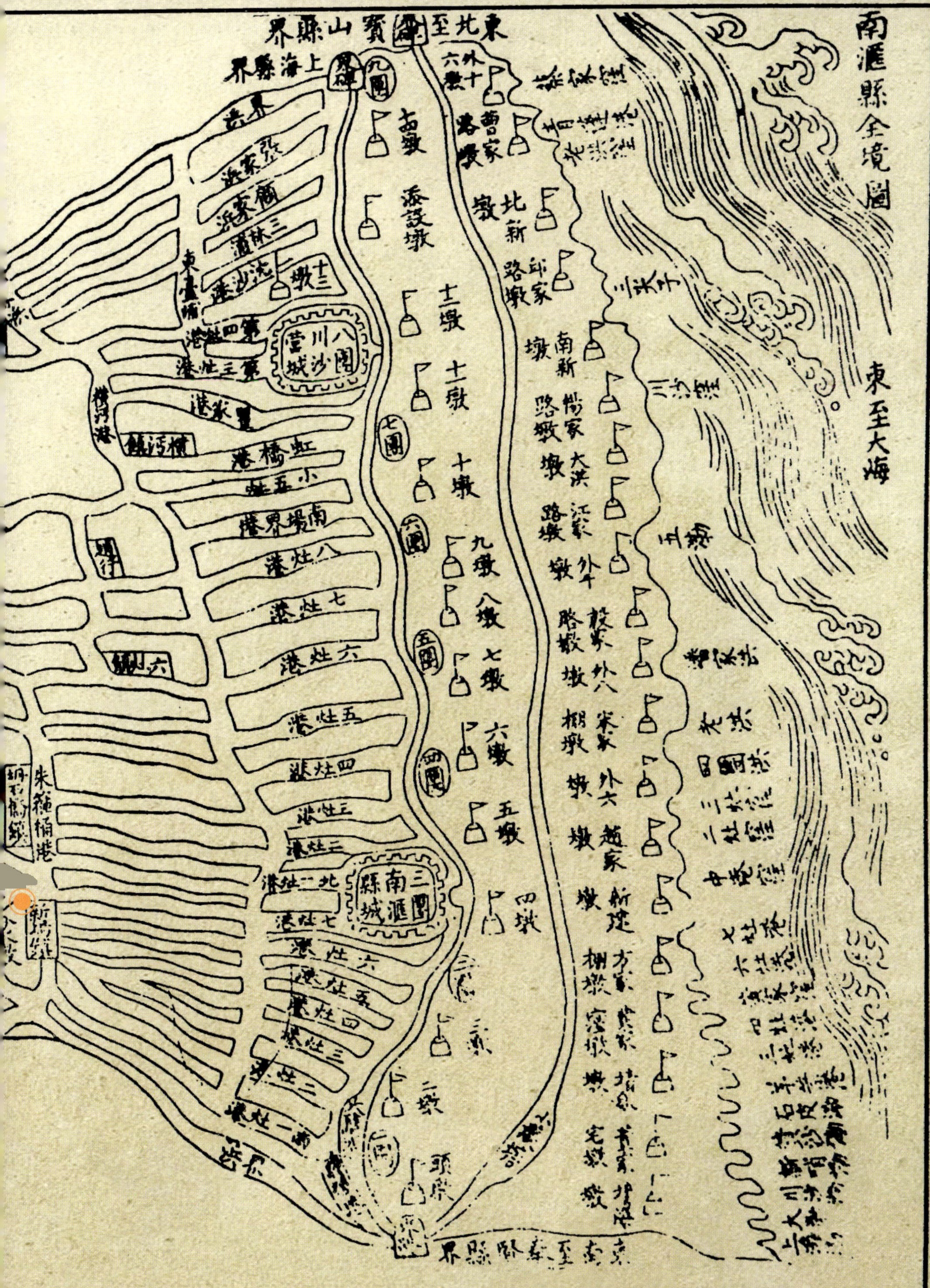

© 南汇县全境图，[清] 钦连《分建南汇县志》

地理环境

在浦东成陆的过程中，自然变化与人类行为交替协同，形成今天浦东乡土聚落的地理环境。一方面是历经长江和新安江两条河流六七千年的不断冲刷淤积，浦东的岸线不断向海洋延伸，形成新的陆地；另一方面，这些新形成的陆地吸引了其他地方的人们迁至此地生产和定居。为了抵御海水倒灌，人们不断建造海塘，保护成陆区域正常的生产和生活。

浦东成陆

浦东的成陆过程大致可分为四个时期，新场成陆在第三和第四时期之间，在老护塘与外捍海塘 / 钦公塘之间，经历了从海洋—滩涂—陆地—聚落的形成过程，这一过程也是大多数浦东乡土聚落形成的典型模式。

◎ 浦东成陆示意图

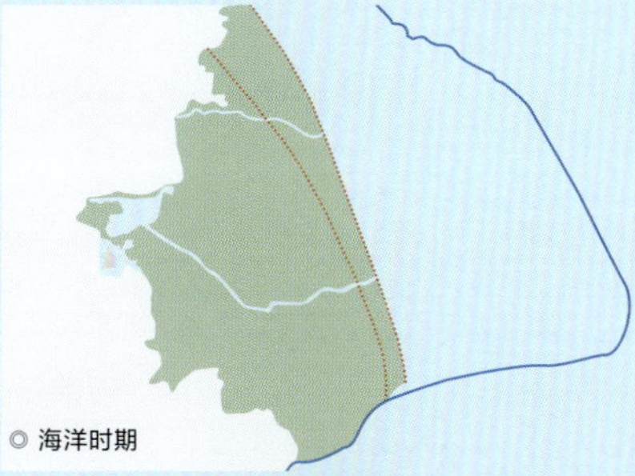
◎ 海洋时期

海洋时期　浦东地区的成陆要远远晚于浦西。在7000—3000 年以前，上海才刚刚成陆，其标志是自常熟福山一带延伸至今上海南部的漕泾、柘林，再向南的延伸沦没于杭州湾之中的冈身地带[1]。那时浦东地区还是汪洋一片。

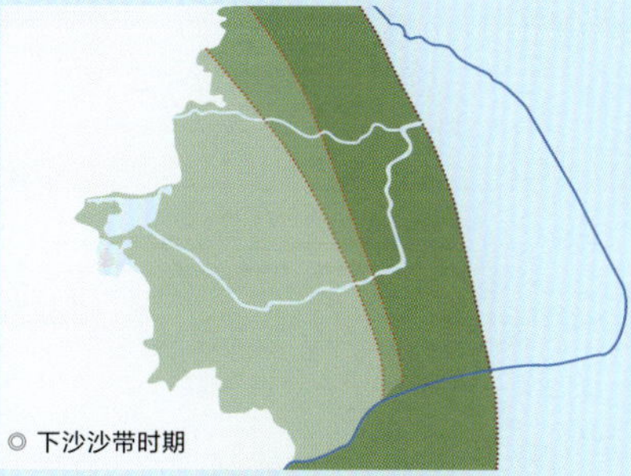
◎ 下沙沙带时期

下沙沙带时期（约 1700 年前）　浦东地区成陆的标志是下沙沙带海岸线，即今浦东花木、北蔡、周浦、下沙、航头一线与宝山境内的盛桥、月浦沙带，共同构成一条平行于西部冈身地带的古海岸线。冈身以东至下沙沙带之间的中部地区，自西向东先后成陆于距今 3000—1700 年。成陆初期，地貌形态尚属滨海湖沼平原类型，人类的活动范围仍主要在冈身地带以西。

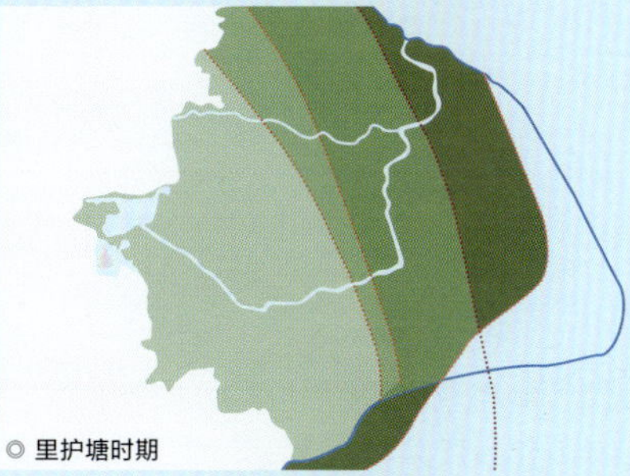
◎ 里护塘时期

里护塘时期（约 1000 年前）　根据出土的唐末五代至两宋时期的遗址、遗物以及对下沙捍海塘的考证，推断下沙沙带海岸以东至川沙—惠南—里护塘一带的浦东中部地区成陆于距今约 1000 年前。因下沙沙带海岸长期稳定，导致岸边淤泥容易堆积，海岸线迅速东扩，这是上海成陆过程较快的一个地区。新场古镇周边的陆地即在这一时期形成。

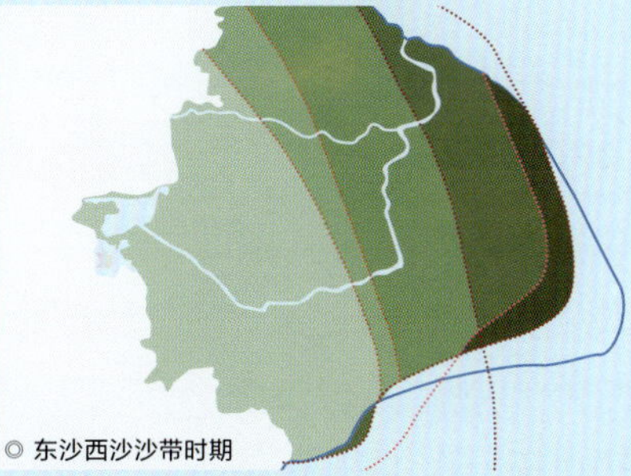
◎ 东沙西沙沙带时期

东沙西沙沙带时期（约 700 年前）　浦东东部成陆过程在距今 600 年左右，曾有一个以东、西沙带为海岸的相对稳定阶段。东、西沙带是一南向分汊状沙带。西沙带北起白龙港，向南经军民至马厂；东沙带自白龙港向南经中港至泥城。此阶段，浦东东部成陆速度较中部缓慢[2]。

❶ 南宋《绍熙云间志》有详细记述："古冈身，在（华亭）县东七十里，凡三所，南属于海，北抵松江（指今吴淞江，即苏州河），长一百里，入土数尺皆螺蚌壳，世传海中涌三浪而成。其地高阜，宜种菽麦。"由数条不同时期的冈身共同构成的地带，通称为"冈身地带"，是上海平原地貌形成过程中的一个独特地貌单元。上海冈身地带，东西宽度 4～10 公里，其建造过程历时长达 4000 年之久。

❷ 张修桂．上海地区成陆过程概述 [J]. 复旦学报（社会科学版），1997(1)：79.

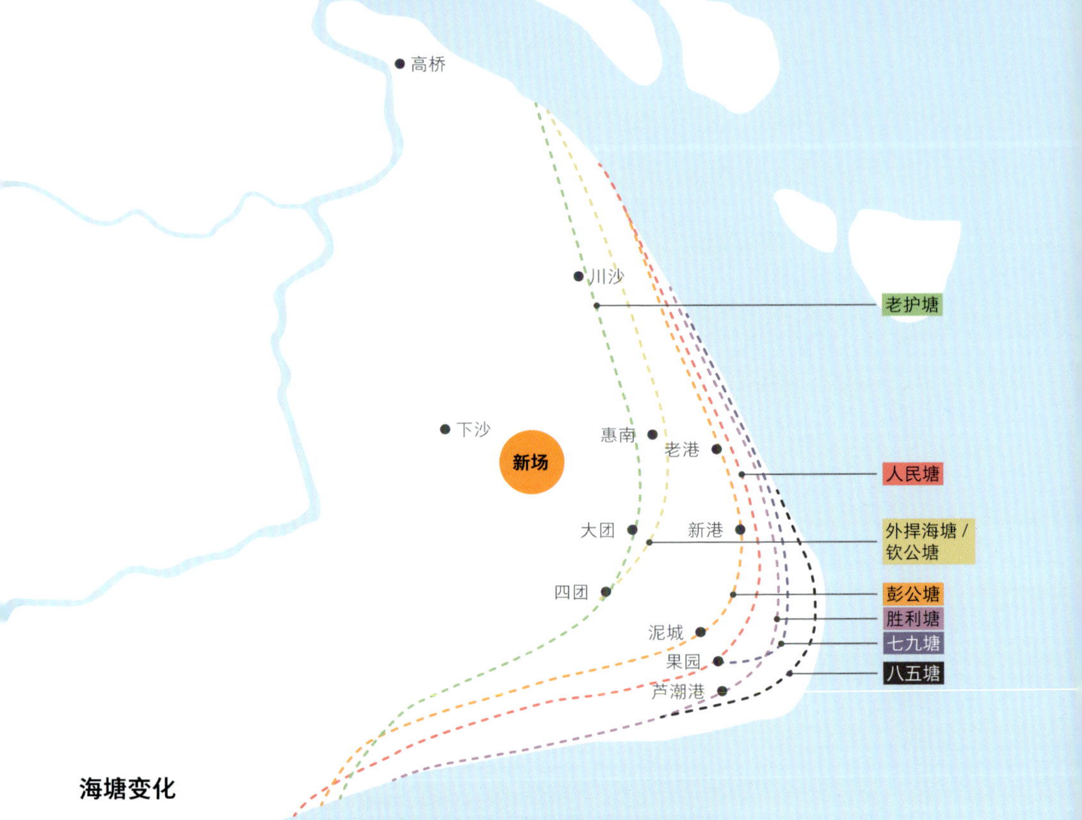

海塘变化

海岸线是自然变化的结果，而海塘则是人们为阻挡海水倒灌人工建造的重要屏障。海岸线的东进形成陆地，海塘的东进形成人类的聚居区。浦东地区的海塘主要有老护塘、外捍海塘及后来在外捍海塘上重筑的钦公塘等。

成陆和海塘对今天浦东聚落体系的形成起到非常重要的作用。随着陆地的不断形成，海塘也不断向外延伸，不仅仅保护内陆地区不受海潮影响，也使内陆地区的农业生产和商业在长期稳定的陆地环境中得到巨大发展，带动了新场等早期聚落的产业转型逐渐从盐业向居住型的农业和商业过渡。同时，由于明清以来南方经济的发展，在沿东西沙带、钦公塘一线新的成陆区域相继形成一系列新的聚落。浦东地区聚落体系的形成是浦东人民充分利用自然资源，与自然环境勇敢斗争的智慧成果。

◎ 海塘推演示意图

老护塘　古称“捍海塘”，始筑于北宋皇祐年间（1049—1054），由华亭县令吴及“在华亭缘海筑堤百余里”，以防止海潮对内陆的侵袭，保护新成陆区域的经济生产和居民生活。元、明两代陆续重修增筑，因其贯穿于宋、元、明时期的下沙盐场东部地区，故明《弘治·上海志》又称其为“下沙捍海塘”[1]；明成化八年（1472）修筑以后又称“大护塘”。在明万历十二年（1584）筑外塘（今钦公塘）后，改称“内捍海塘”及“里护塘”，以相区别。塘自宝山黄家湾起，南经川沙、南汇、奉贤、金山，通至浙江平湖，全长约75公里[2]。

外捍海塘 / 钦公塘　因筑于古捍海塘之外，初名“外捍海塘”。由于明万历三年（1575）海水冲塌老护塘，造成数万民众死伤，由通判邹志学，上海知县邓炳、顾洪范于万历十二年(1584)发起建筑。南自南汇四团五墩起，北至黄家湾，长约45公里。

清雍正十年（1732）7月16日黎明，东北风大作，暴雨如注，潮水冲破外捍海塘，造成特大灾害。翌年1月，南汇首任知县钦琏主持重修，7月竣工。为纪念钦琏，当地民众把外捍海塘改称为“钦公塘”。民国二十四年（1935）利用钦公塘小营房向南的地段修筑上川火车道。抗日战争期间，江镇至祝桥段铁路被毁。1965年，江镇至川沙段路轨拆除改为公路。至1992年年底，川南公路依然通车，行道树高大，如林荫大道[3]。

彭公塘　又名“王公塘”，位于钦公塘东3.5公里处，其走向与钦公塘大体平行。该塘原为清乾隆三年（1738）兴筑的一条北起自川沙撑塘，南至本县老港的圩塘原址。清光绪九年（1883）因遭台潮侵袭，圩塘被毁，乡绅彭以藩发起，提议另筑新塘。清光绪十年（1884），知县王椿荫正式领筑，所以既称“彭公塘”，也称“王公塘”。

人民塘　人民塘的筑成经历四个阶段。清光绪三十二年（1906）知县李超琼领筑新塘，塘身北起川沙县撑塘，南至本县果园（庙港），全长32.5公里，称“李公塘”。

民国二十三年（1934）县长袁希洛在李公塘旧址以东的民圩上发起修筑新塘，塘身北起七团川沙县界，南至六灶港止，全长25.97公里，与原李公塘相接，被称为“袁公塘”。

民国三十五年（1946）川沙县筹款在李公塘以西添筑预备塘，塘身北自书院乡的小洼港起，南至四团乡二灶泓（义灶泓）的北界，全长约11公里。

1949年7月24日李公塘、袁公塘及预备塘三线被冲决多处，造成特大水灾。全县各界人士在人民政府的领导下立即进行抢修，工程前后分为两个阶段，1949年8月3日至9月8日为抢修时期，在旧塘原址上进行修筑；1950年春至1957年春分期分段进行培塘浚河。

胜利塘　1974年春由政府投资兴筑。东滩，北起川沙县界，南至芦潮港，长34.28公里；南滩，西自奉贤县界，东至芦潮港，长11.72公里，与奉贤县团结塘相连，取“团结胜利”之意，故名“胜利塘”。

七九塘　筑成于1979年春，故得名。该塘与胜利塘间距0.4公里，北起川沙县界，南至庙港，全长32.366公里，圈围面积18808亩（1254公顷）。

八五塘　兴筑于1985年。位于七九塘外，北起大治河出海闸南岸，南至汇角，全长17.3公里。

❶ 张修桂．上海地区成陆过程概述[J]. 复旦学报(社会科学版),1997(1):79.

❷ 关于老护塘始建年代，后人长期存在争议。根据《川沙县续志(1986—1992)》中考证，1997年出版的《上海水利志》称其始筑于北宋皇祐年代。据郑獬《郧溪集》21卷所载《直昭文馆知桂州吴公墓志铭》:“知秀州华亭俱有能名，……在华亭缘海筑堤百余里，得美田万顷，岁出谷数十万斛，民于今食其利。”所指“海盐界”即今金山与平湖交界，松江即吴淞江故道出海口的老鹳嘴(位于县境杨园乡黄家湾东北，明中叶后沦入海中)。据曹印儒《海塘考》，按现代测量，长度不止150里(今为75公里)，但据清光绪《松江府续志》所附海塘图，以每方格10里的古代计算方法，则与《云间志》所载完全吻合。

❸ 上海市浦东新区史志编纂委员会编．川沙县续志 1986—1992[M]. 上海：上海社会科学院出版社，2004.

人口迁徙

土地的形成使产业和居住成为可能，这一片处女地吸引了来自全国各地的移民。历史上浦东地区大规模的人口迁入，先后有四次。正是这些来自全国各地的移民，以他们勤恳的劳动和智慧一砖一瓦地建造了家园，他们也带来全国各地的传统文化和建造技艺，形成今天浦东繁荣的局面。今天我们在新场看到的独特的历史风貌正是这些移民先辈们因地制宜、不断创造而沉淀后的文化和智慧的结晶。

◎ 人口迁徙示意图

唐代：第一次移民潮 受到唐代安史之乱的影响，北方大批难民为躲避战乱向南方迁移，今苏南、浙北、皖南、赣北、鄂南、湘西，以及苏、皖两省的江淮之间等地区，集中了最多数量的难民。迁到浦东地区的移民数量并不多，但他们是最早在浦东进行生产生活的人群。

北宋：第二次移民潮 北宋末年，由于金人入侵，皇室南迁，北方士族地主随之南下，定居在周浦及闸港、杜行一带浦东中西部地区。如谈怡[1]、李邃[2]、王迪[3]、陆文祥[4]、瞿榆维[5]等北方士族，都是携家族奴仆一起随皇室南迁定居于周浦、下沙等地的。原川沙县第四大姓的黄氏，其先祖也是跟随北宋南迁而来。川沙的其他大姓，如陈、徐、王、杨、沈、周、蔡、吴、曹等，大多为宋室南渡后从各地陆续迁入的。这是浦东历史上第一次大规模的移民，形成了浦东地区最早的聚落体系。

明清：第三次移民潮 随着浦东地区盐业及棉粮经济快速发展，特别是明永乐以后黄浦江水系的形成和海塘的稳定，吸引了主要来自江苏、浙江，尤其是崇明地区的移民前来经商或垦荒，这段时间浦东地区的移民稳步高速增长，形成浦东中部地区的主要人口。浦东大部分的聚落都是在这一时期形成并成熟的。

清末民国：第四次移民潮 第四次移民潮为清末、民国时期，一方面江南地区战乱连绵不绝；一方面上海地区由于租界的设置而相对安全，经济相对繁荣，吸引了周边百姓和各地客商。这些移民主要是有两条迁移线路：广东、福建、浙江、山东等地的移民大多从海上而来；江苏、安徽等地的移民则是顺长江或新安江而来。民国期间，江、浙腹地战乱连绵，民不聊生，大批的启东、海门、崇明等地农民来到浦东东部定居，垦殖海滩，这些移民后来被称作“大沙人”。

❶ 谈怡：南宋初，青城谈怡由汴迁华亭鹤坡，后人布南汇、闵行。

❷ 李邃：字号配缺，先为荆州人，宋端平末仕浙西漕司丞，既罢官随王遇乱遂徙，家今南汇县十六保十六图竹冈里，后子孙繁衍名李家。

❸ 王迪（逖）：北宋南渡华亭第一个三槐堂王氏老祖宗。《三槐王氏通谱》记载北宋名相王旦二子王冲后裔，汴梁芦城人，逖字仲儒号八三，生二子。北宋靖康元年中进士，通经学，熟掌故，人正直，严操守。官至太常少聊，徙金陵，临安入居华亭鹤沙（今上海下沙）为宋室南迁时王氏“南渡始祖”。

❹ 陆文祥：宋末，扬州陆文祥迁南汇坦直。

❺ 瞿榆维：先祖是中原人，随宋室南渡后，于南宋嘉定年间（1208—1224）开始任下沙盐场盐监，到二世瞿哲、三世瞿忠，乃至五世瞿时雨，“世代相继，主持上海和浙西盐政达一百五十年之久”，聚集了大量财富，成为松江府的首族，有“富甲浙西”之称。南汇县县志编纂委员会. 南汇县志 [M]. 上海：上海人民出版社，1992.

经济与产业

伴随着陆地的形成、行政管理的完善以及人口的增加，浦东地区的经济生产也日趋稳定，并呈现出多样化的局面。

数百年以来，尽管外部的各种条件不断变化，浦东地区的人们凭借着勤劳和智慧，不断转型，每一次都能在困境中找到新的出路，并且一直继续着繁荣。新场就是其中的典型，它一直在农业、盐业、商业、手工业中变换着经济身份，大部分时期的经济类型都是复合的，这也是浦东大部分乡土聚落共有的特点。

唐代 唐末宋初，浦东是一片“潮汐激荡”“地多斥卤”的沙滩，因有“熬海煮波”之利，且近海适宜捕捞，所以有人类聚居，但由于古代人力对自然环境的抵御能力较差，所以人烟稀少。

宋元 唐代以后，浦东成为全国重要的盐场，属两浙盐场。南宋建炎年间（1127—1130）在下沙建盐监后，这一带称“下沙盐场”。盐区在下沙以东，下沙以西地区以农业为主[1]。周边地区也辐射形成许多聚落，并有市镇出现。除了盐业外，元代三林庄的棉纺织业已形成规模[2]。

明清 明代浦东的盐业开始由盛转衰，同时随着黄浦江水系的形成，浦东地区岸线东进，交通航运日益发达，土地面积有所增加，农业也得到进一步的发展，木棉（棉花）和粮食生产成为浦东重要的经济类型。这样既解决了当地居民就业和衣食等最基本的生活需求，也形成完善的聚落体系和社会分工。清初《阅世编》中描述浦东经济“上海赋役，大半出于浦东”。

清末民国 清末由于战争、政治动乱和现代经济的冲击，浦东经历了农村自然经济逐渐衰败的阶段。民国时期由于开埠和上海周边经济的发展，浦东地区的手工业、工业和商业却又兴盛起来。

❶ ［清］乾隆《南汇县志》。

❷ “三林，元以里名，已称繁盛。”参见：佚名．三林乡志残稿［M］．上海：上海社会科学出版社，2006.

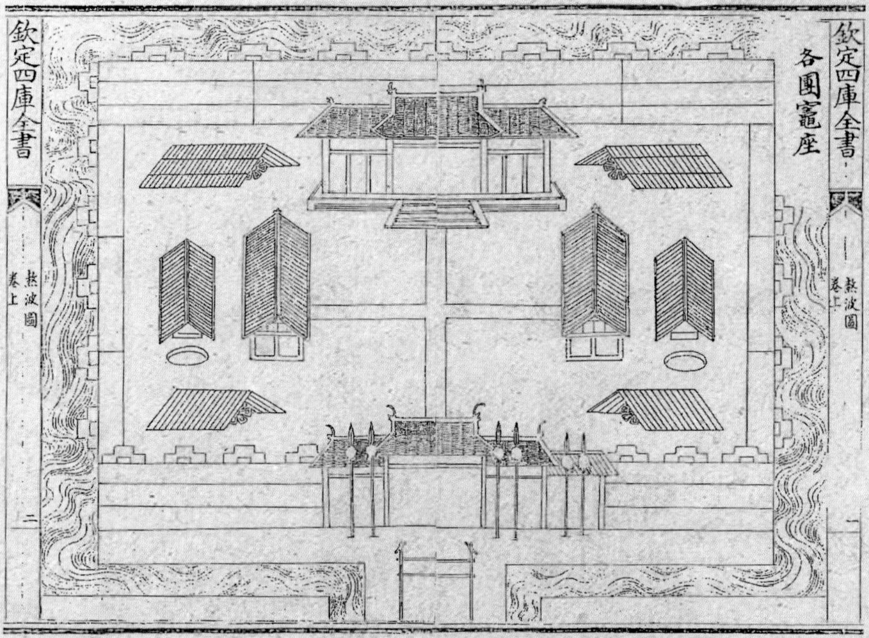

◎ 各团灶座，［元］陈椿《钦定四库全书：熬波图》

◎ 筑垒围墙，［元］陈椿《钦定四库全书：熬波图》

◎ 开河通海，［元］陈椿《钦定四库全书：熬波图》

◎ 扒扫聚灰，［元］陈椿《钦定四库全书：熬波图》

民国 **中华人民共和国**

- 1929年（民国十八年）：新场地区隶属南汇县第八区
- 1934年（民国二十三年）：新场镇隶属南汇县第七区
- 1949年：新场地区解放
- 1956年：新场镇成为南汇县县属镇
- 1957年：南汇县撤区并乡，新场区撤销，建立新场乡
- 1994年：建立新场镇
- 2008年：中国历史文化名镇

- 1925年（民国十四年）：上川铁路通车
- 1949年：川沙解放
- 1958年：川沙划归上海
- 1993年：川沙属浦东新区
- 2005年：中市街划定历史文化风貌区
- 2009年：川沙镇隶属浦东新区
- 2014年：中国历史文化名镇

- 1928年（民国十七年）：新建高桥区，划归上海特别市
- 1937年（民国二十六年）：隶上海特别市浦东北区，称高桥镇
- 1949年：高桥解放
- 1996年：为浦东新区外高桥镇
- 2009年：高桥镇隶属浦东新区
- 2010年：中国历史文化名镇

- 1927年（民国十六年）：南汇县设区划乡，"城厢"始改"城厢镇"
- 1934年（民国二十三年）：南汇县实行保甲制，城厢镇改名惠南镇。
- 1946年（民国三十五年）：惠南镇属第一区管辖
- 1949年：解放，为南汇区辖下
- 2009年：惠南镇隶属浦东新区

- 1927年（民国十六年）：大团乡办事处改为乡行政局，为民国以来最早地方行政机构
- 1939年（民国二十八年）：大团地区隶属上海特别市松江地区南汇特别区
- 1949年：解放，大团地区属南汇县
- 2009年：大团镇隶属浦东新区

来盐业衰落，地区经济体系逐步成熟完善，新场开始从盐业重镇向农业重镇、商业重镇转型，在清后期又形成第二次繁荣。尽管后来受到战争的破坏，但一直保持了较好的发展局面。川沙成陆较晚，明代由于抗倭才正式建城，并成为地区军事和政治中心，也因而更容易受到战乱影响——太平天国运动期间几乎全城被焚，抗战期间也屡遭日军侵略。所幸借助大上海的繁荣、上川铁路修建和民国年间建筑业、棉纺织业的支撑，持续了繁荣。这方面惠南镇与之相似，成陆也较晚，也是由于沿海抗倭的需求，迅速从盐业产地转变为区域的军事、政治中心，成为南汇地区的中心集镇。高桥镇则因地处黄浦江与长江交汇处，商业一直较为繁荣。但也正是因为处于地理条件的薄弱点，受到黄浦江改道和老宝山城两次塌陷的影响，在明清时期发展一度受阻。大团的发展跟新场相似，都是从盐业逐渐向商业、手工业转变，只是由于其地理位置较为偏远，受历次战事影响不大，因而在清代以后发展成为浦东地区重要的商业中心。

时空分布

浦东聚落体系的时空分布比较特殊：沿四条南北向的主要河道，由西向东平行展开。第一梯队形成于唐宋时期，北起白莲泾—小腰泾—咸塘港一线，两岸分布有北蔡—周浦—下沙—航头等聚落。第二梯队成形时间紧接第一梯队，沿北马家浜—横沔港—东横港依次分布横沔—坦直—新场等聚落。第三梯队形成于明清，也最为壮大，沿老护塘、外捍海塘依次为九团、八团、川沙、祝桥、大团，数量达数十个之多。第四梯队成形最晚，沿彭公塘人民塘依次为泥城、书院镇等。

这些聚落的分布形态不仅仅与成陆有关，更重要的是与浦东盐业生产和运河体系有直接关系。与江南其他地方自然水网不同，浦东的水系是为盐业运输和抵御海潮人工挖掘的运河网络：东西向的是无数的运盐河毛细河道，把沿海的生产成果向西运到内陆，再由南北向的航运河道统一向北运到黄浦江。所以，东西向河道串联的生产聚落体现了场—团—灶的生产管理模式，这些运河有的是根据官方生产体系命名，如二灶港、三灶港，有的是根据移民家族生产单位命名，如张家浜、顾家浜等。而南北向河道串联起较大的地区中心，又因历代海塘也是南北向修建，因此南北向河道串联起来的聚落，往往是区域盐业的生产管理和集运中心。

今天看到的浦东聚落的空间分布明显受不同时期陆地边缘和南北向主要河道的分布影响，特别是在第三梯队时期，海塘的形成、陆地的稳定，明清以来南方经济的发达在老护塘—外捍海塘一线形成非常清晰的聚落梯队，这是浦东地区独特的运河体系空间表现。这些运河体系是浦东人民与自然环境斗争并合作的见证，至今仍清晰可见，是浦东地区宝贵的物质遗产。

形态格局

浦东聚落的形态格局亦是多样化的。川沙和惠南因为是重要的政治和军事中心，有着方整的城墙和护城河，因而其形态最为传统；大团虽然同样也有军事驻地，但由于等级相对惠南和川沙要低，而且是继新场之后重要的盐场和商业集镇，有着“金大团，银新场”之称，所以其主镇区呈现顺水而生的自然形态；下沙和新场都属于重要的盐业管理和生产基地，清代也是作为重要的军事机构——墩汛[1]的驻地[2]，但由于新场发展更晚，同时历史上也是浦东地区水运交通的重要枢纽——分水墩，多条水道如衙前港、六灶港（洪桥港）、五灶港（包桥港）和四灶港横穿其间，因而其格局和空间形态又与其他浦东的传统聚落有着明显的不同。

❶ 墩汛：墩即烟墩、墩台，用以传警；汛即汛地，用以戍兵。

❷ 清乾隆五十八年(1793)编写的《南汇县新志稿》中记载：“新场盛家桥二汛属青村营。”

❸ 大治河：西起黄浦江，东至东海，长 38.6 公里，是上海南部引排航骨干河道。其中航头以西为实地开挖，航头以东利用老河二灶港、四灶港、新开港、六灶港拓宽浚深，1979 年 1 月完工。

❹ 上海市南汇县县志编纂委员会．南汇县志 [M]. 上海：上海人民出版社，1992：89.

❺ 林拓．历史时期上海浦东地区经济开发与政区演变的相关研究 [J]．经济地理，2000，(2)：57.

❻ 袁菲，葛亮．上海浦东大团 [J]．城市规划，2015，(11)：39-40.

- 1726年（雍正四年）：置南汇县，隶属松江府南汇县
- 1838年（道光十八年）：新场所有盐场全部停产
- 1914年（民国三年）：废止自治制，新场乡公所改为新场办事处

- 1646年（顺治三年）：改川沙堡为川沙营
- 1805年（嘉庆十年）：置川沙抚民厅
- 1911年（宣统三年）：改厅为县

- 1644年（顺治元年）：高桥地区属嘉定县依仁乡
- 1669年（康熙八年）：明宝山城坍没入海
- 1694年（康熙三十三年）：在原宝山城西北一公里处筑江东宝山城
- 1725年（雍正三年）：置宝山县，隶属宝山县
- 1732年（雍正十年）：宝山城坍塌，遗址称“老宝山城”是为清宝山城

- 1647年（顺治四年）：“守御南汇嘴中后千户所”改称“南汇堡”
- 1726年（雍正四年）：建南汇县，设县治
- 1882年（光绪八年）：南汇县实行地方自治
- 1910年（宣统二年）：南汇县实行地方自治
- 1912年（民国元年）：南汇县重新实行地方自治

- 1726年（雍正四年）：隶属于南汇县
- 1831—1854年（道光十一年至咸丰四年）：盐灶全部停煎
- 1911年（宣统三年）：南汇县建大团乡
- 1912年（民国元年）：隶属南汇县第八区公所

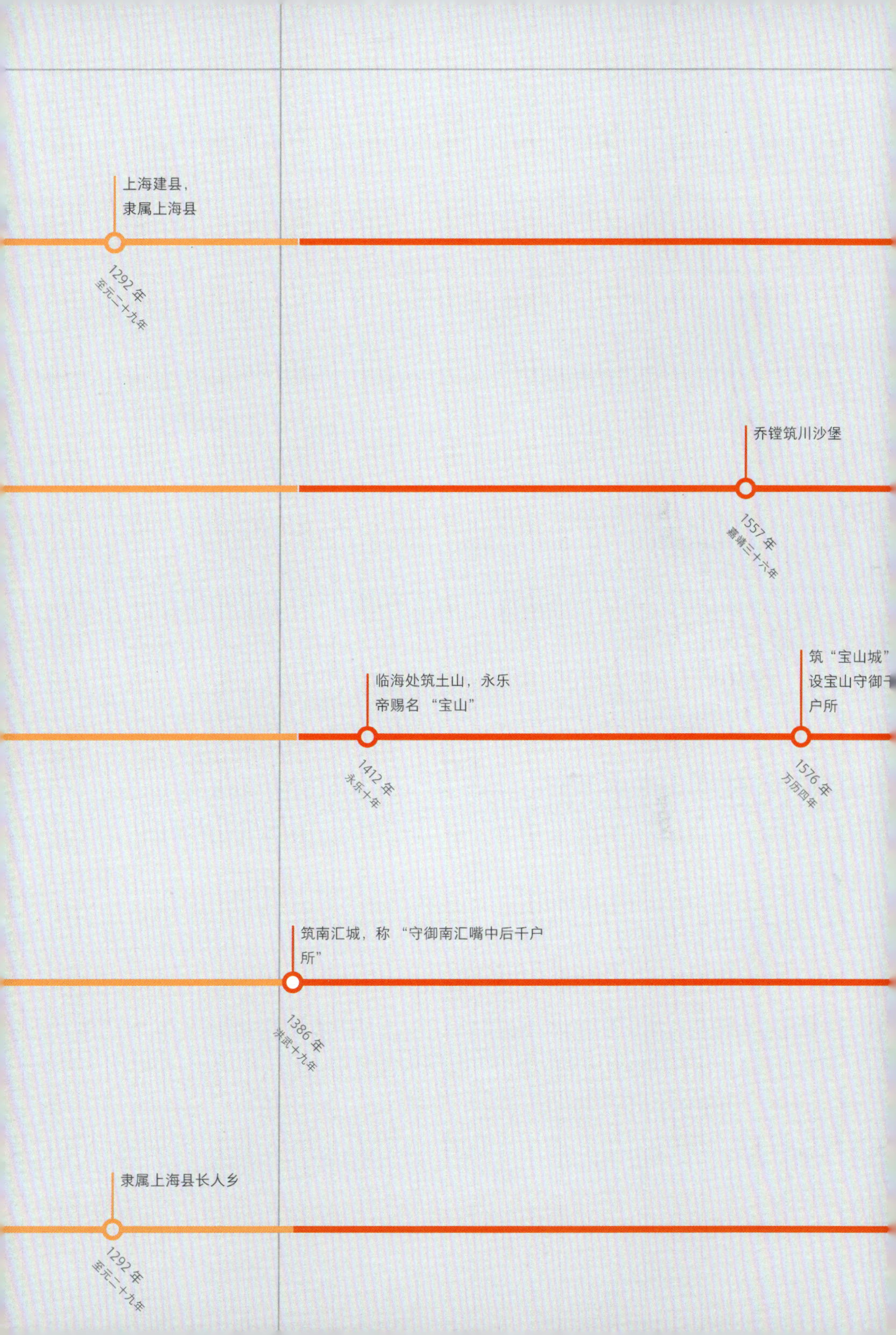
上海建县，
隶属上海县
1292年
至元二十九年
乔镗筑川沙堡
1557年
嘉靖三十六年
临海处筑土山，永乐
帝赐名“宝山”
1412年
永乐十年
筑“宝山城”
设宝山守御千
户所
1576年
万历四年
筑南汇城，称“守御南汇嘴中后千户
所”
1386年
洪武十九年
隶属上海县长人乡
1292年
至元二十九年

◎ 车接海潮，［元］陈椿《钦定四库全书：熬波图》

◎ 日收散盐，［元］陈椿《钦定四库全书：熬波图》

聚落体系

发展历程

起伏承转，是浦东大多数聚落发展的共同特点。成陆后的盐业发展形成最初的生产聚落，后因历代北方战事，导致大量人口迁移到南方。新成陆的浦东聚集了较多的人口，并逐渐形成典型的盐业和农业社会。随着聚落体系的形成，部分聚落的商业属性逐渐增强，明代又因倭寇的侵犯强化并提高了行政和军事等级，形成惠南、川沙等一批带有政治军事防御意义的聚落。近代以来，浦东很多地方都受到太平天国运动和日军侵华的战事影响，曾经有过短暂的萧条。随着上海开埠以及 20 世纪二三十年代的经济繁荣，浦东的乡土聚落得到进一步的发展，数量和人口都有所增加。

但因成陆有先后、聚落身份不同、受外部社会影响不同等因素，各聚落亦呈现出不同的发展节奏。其中新场所在地区成陆较早，宋元时期就已经发展为浦东地区的盐业重镇。明清以

◎ 浦东聚落分布示意图

浦东典型聚落发展历程

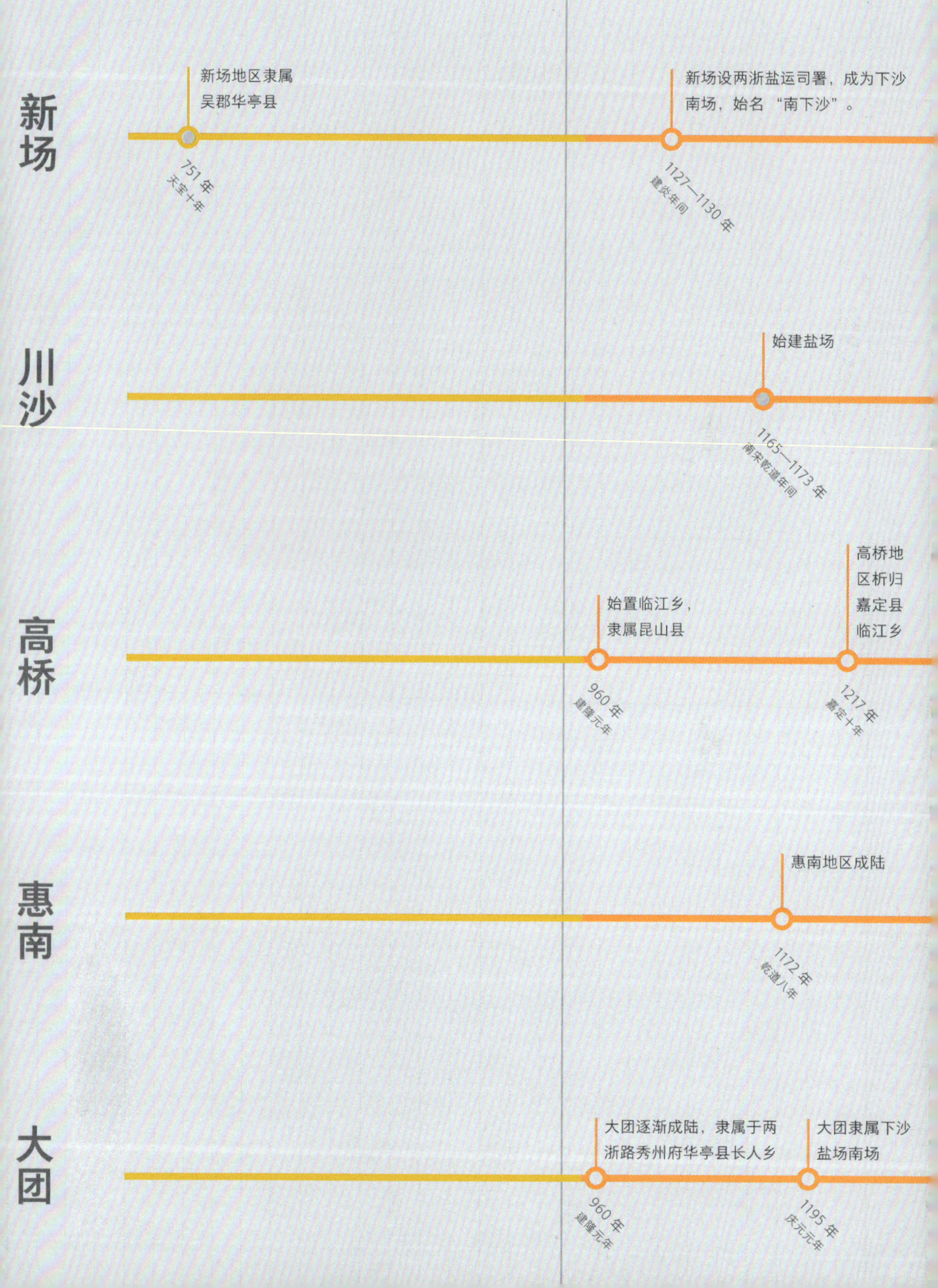
唐
宋元
新场
新场地区隶属吴郡华亭县
751年
天宝十年
新场设两浙盐运司署，成为下沙南场，始名“南下沙”。
1127—1130年
建炎年间
川沙
始建盐场
1165—1173年
南宋乾道年间
高桥
始置临江乡，隶属昆山县
960年
建隆元年
高桥地区析归嘉定县临江乡
1217年
嘉定十年
惠南
惠南地区成陆
1172年
乾道八年
大团
大团逐渐成陆，隶属于两浙路秀州府华亭县长人乡
960年
建隆元年
大团隶属下沙盐场南场
1195年
庆元元年

新场　新场的空间格局沿衙前港、洪桥港、包桥港和大治河[3]由北向南依次东西向展开，并由新场大街和后市河南北贯通，呈现出鱼骨状的、典型的、大型盐业聚落的发展格局。东西两侧各止于东横港和原白虎庙港附近，形成四水中分、东西环河、南北通达的格局。

川沙　川沙的格局与新场有类似之处，也被三灶港、乔家浜和县前港三条河道东西向横穿而过，而南北向则被北市街贯通。这也是早期盐业聚落的共同特征。明代为抵御倭寇修筑川沙堡城城墙和护城河，使川沙呈现出方整的空间格局。由于东侧紧靠原来的霍公塘，民国时期又在北侧修建了上川铁路车站，故护城河外北侧和东侧都有街市延伸。清末遭到太平天国运动毁灭性冲击，民国年间开始拆墙筑路，原古城格局逐渐消失。

高桥　地处江海汇合口，原为江口一沙洲，后冲积而成平原，历来为兵家必争之地和商贾云集之处。典型的商业聚落，空间灵活，随水而生，沿高桥港和季北路形成丁字形的街巷格局。

惠南　惠南方城始筑于明洪武十九年（1386），是当时沿海守御所之一，是在一灶港基础上修建的，典型的明代军事聚落格局。城内以鼓楼为中心，向东南西北四个方向伸出主要道路，直达四个城门。四周被护城河环绕，东西各有一个水门，为江南地区不多见的方城。1949 年后在历次政治运动和现代城镇建设的影响下，填河筑路，城内历史肌理逐渐消失[4]，但仍保留了十字形的交通系统。

大团　元代浦东盐场实行聚灶公煎，归并灶座，并实行团甲制，划团定界[5]，明代也是防御倭寇的军事单位。明代以后，大团是浦东重要的盐业和商业中心，集镇沿老市河（又称护塘港、运盐河）向南北蔓延 1500 余米，形成狭长的格局[6]。1949 年后填河筑路，原来的集镇肌理逐渐消失。

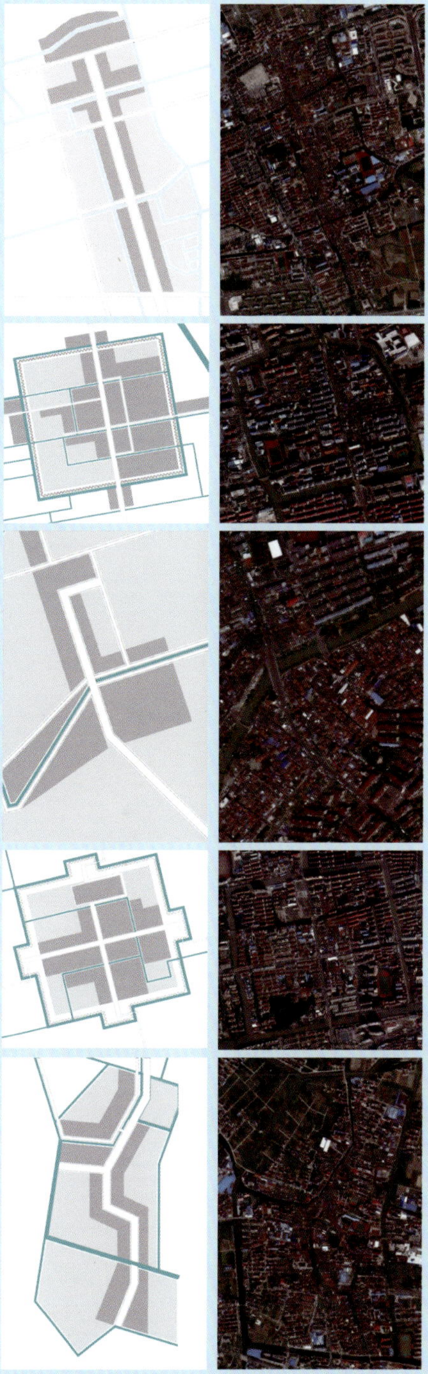

◎ 形态格局示意图

古镇的历史沿革

新场大街包桥港以北航拍图

历史沿革

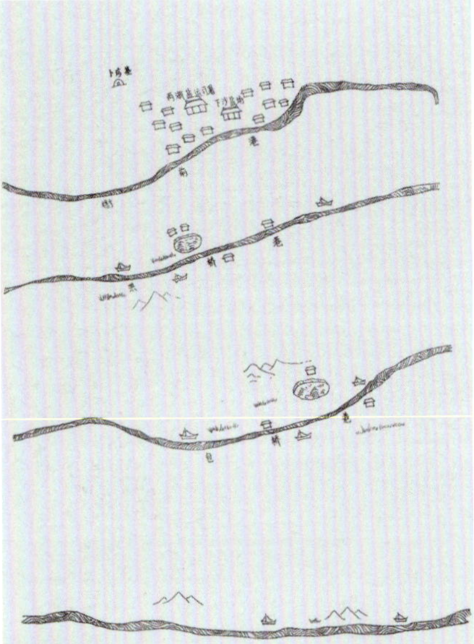

◎ 唐宋示意

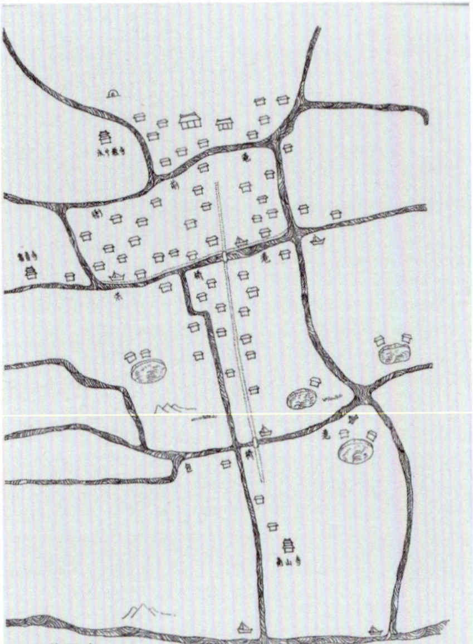

◎ 元代示意

唐宋：初创 新场地区于唐代中后期始成陆，当时周边较少人迹，仅有零星的村落和盐场，相传在永宁寺附近有唐代海防将领卜珍的墓[1]。至宋代，浦东地区以制盐为主的产业结构日渐形成。南宋建炎年间，新场设有两浙盐运司署[2]，司署位于衙前港北侧；下沙盐场亦在此设置分场，1128 年正式建镇，沿用盐场之名称为新场镇[3]。此时新场的集镇中心，主要在北部紧邻衙前港以北地区；而当时南部各灶港（即洪桥港和包桥港）沿洪桥港、包桥港和大治河区域[4]也渐次开发[5]，后来发展形成当时主要的盐业生产区域和运输区域。这是新场古镇空间发展的起始。

元代：盐业盛期 元代随着海岸线的东进，盐场随之东移，大德四年（1300），下沙盐场全部搬至新场，盐业发展至鼎盛时期。此时集镇的洪桥港区域继续向东西向延伸[6]，并向南延伸至南山寺附近，南面的盐场生产区域逐渐被集镇取代；十字形街市格局基本形成，但北部区域永宁寺以北依然没有太多发展，当时仍是主要的墓葬区。

❶ 金福曾．光绪南汇县志 [M]．南汇县署，1879.

❷ 胡志熊．乾隆南汇县新志 [M].1793.

❸ 《新场镇志》编纂委员会．新场镇志 [M]．北京：方志出版社，2004.

❹ 大治河附近即杨辉港区域，也是南四灶港延伸段，经闸港接黄浦江。

❺ 《松江县水利志》编志组．松江县水利志 [M]．上海：上海科学技术出版社，1993.

❻ 据 1879 年《光绪南汇县志》记载，元代新场镇西面有雷音寺、永宁寺，南面有南禅寺。

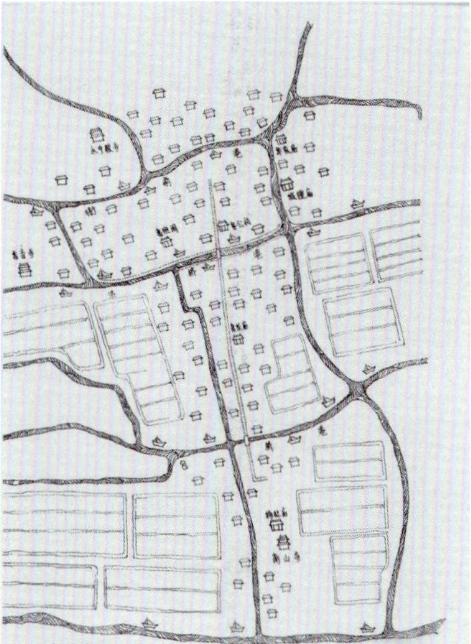

◎ 明清示意

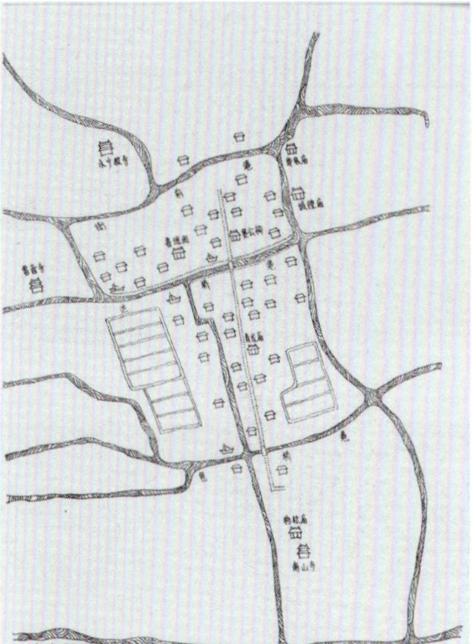

◎ 清末民国示意

明清：转型 明代随着自然环境变化的加剧，长江主泓南移，造成淡水逼岸，盐场坍塌[7]，导致盐业开始衰落；到清代道光年间，境内盐灶已大部分停煮。虽然盐业衰退了，但由于长期积累了较多的人口和较强的经济基础，彼时新场不仅是浦东地区商业和农业的中心，也是交通运输中心和军事重要驻防地[8]。集镇在元代形成的、十字形的街市格局基础上，继续向南面和东西向完善，形成南北长、东西短的纺锤形态。

清末民国:复苏 清末光绪年间，受太平天国运动的影响，浦东地区聚落体系受到较大的冲击，新场也有所萎缩，南部南山禅寺附近逐渐荒芜。民国年间，暂时稳定的政治环境和上海开埠后形成的大都市经济圈促进了浦东农业和手工业的发展，新场又开始恢复生机。但抗日战争时期又受到日军的侵略，衙前港一带被日军尽毁。

7 林拓，张修桂．环境变迁、经济开发与政区演变的相关研究——以上海浦东地区为例 [J]．地理学与国土研究，2001，17(4)：63．

8 清代的新场有两个特殊身份：一个是作为水上交通的枢纽分水墩，另一个是作为军事驻地的墩汛。

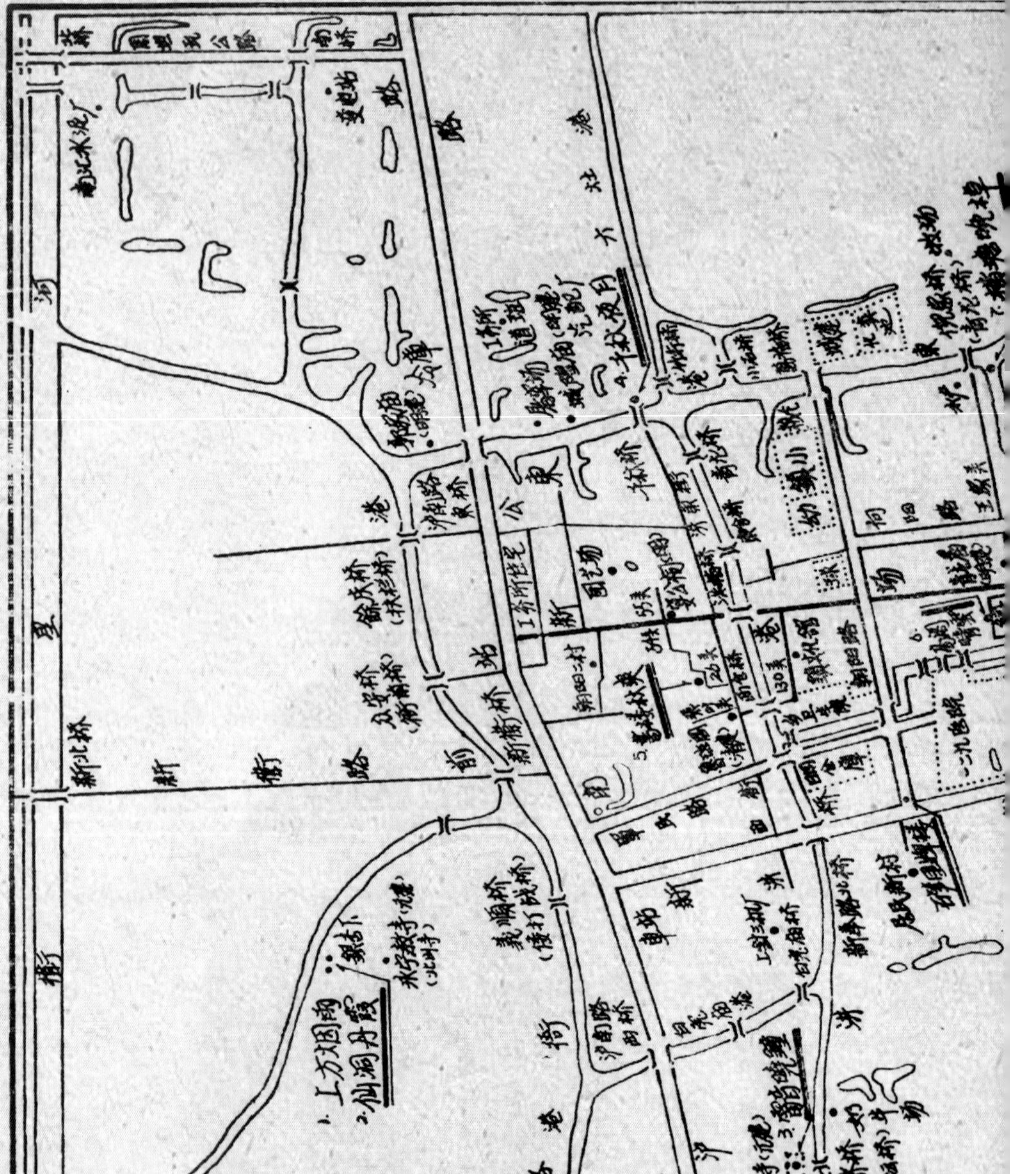
南汇水泥厂
变电站
新北桥
新衙桥
1. 工方烟雨
2. 仙洞丹霞
4. 千秋夜月
沪南路东桥
沪南路西桥

◎ 新场镇古迹示意图

1949 年后：走向现代 中华人民共和国成立后，经历了一系列的行政调整和政治运动，修建了新奉公路、牌楼路和大治河等交通水利设施，为古镇居民带来生活条件的改善，改变了古镇的空间格局，同时也对古镇历史风貌造成了破坏[1]。20 世纪 80 年代后又在地方的努力下对千秋桥、驳岸、马鞍水桥和牌坊进行修复和复原，但古镇历史风貌在现代生活需求和建设的冲击下逐渐萎缩。

[1] 上海市南汇县新场镇志编写组. 新场镇志[M]. 常熟市兴隆印刷厂，1988.

古镇的空间格局与景观风貌

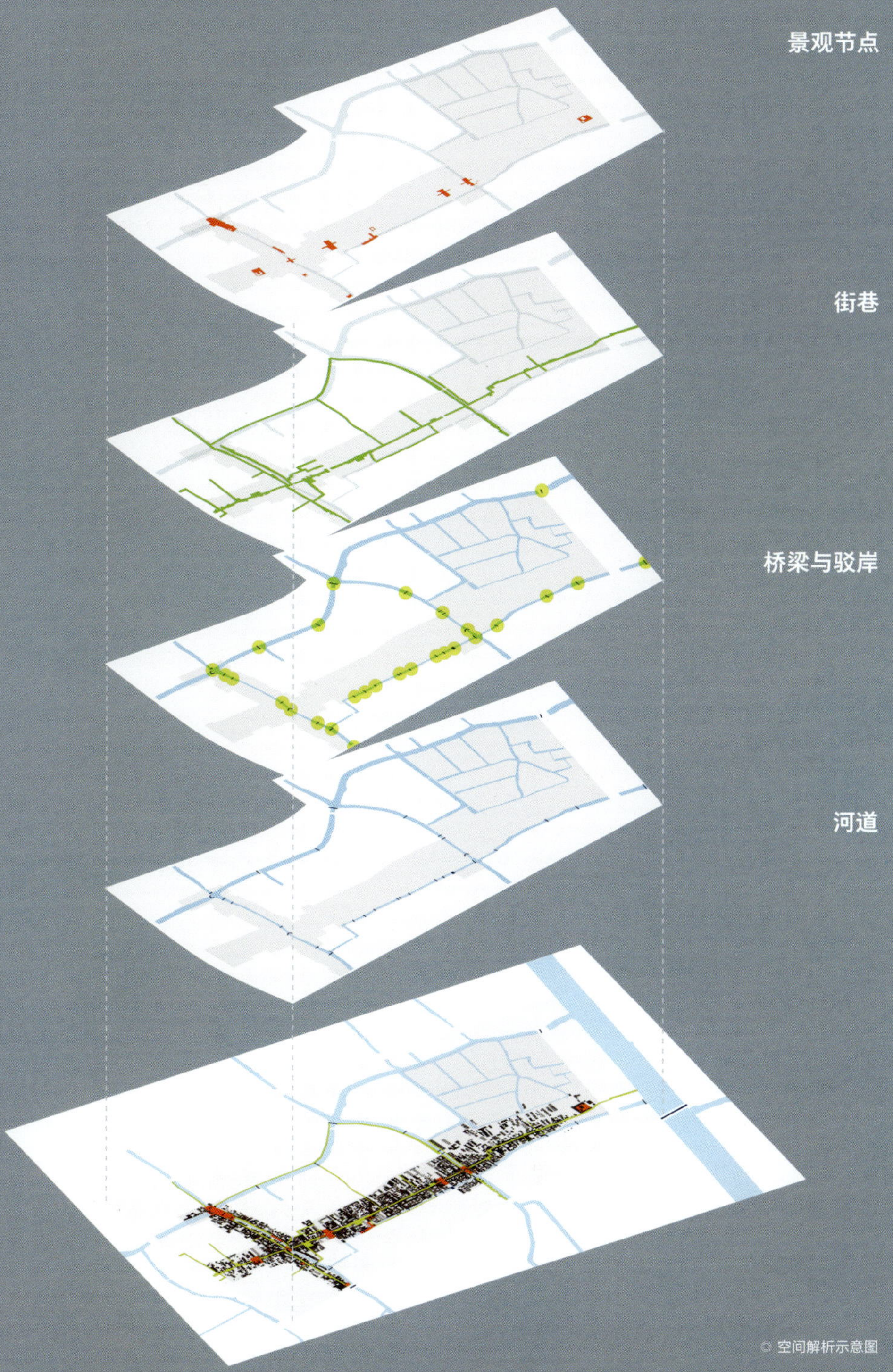

© 空间解析示意图

空间格局

虽然浦东聚落与诸多江南水乡一脉相承，但由于其最初的产生机制的不同，其空间格局还是与其他江南水乡有着较大的区别：新场空间格局的形成依托于宋元以来的浦东人工运盐河体系。以盐业生产为目的的聚落单元对交通效率有着较高的要求，而平坦的浦东地貌使这种要求得到实现。这些几何形式的河道体系在后来成为聚落发展的主要影响因素：四横三纵的直交河道构成新场的主要空间骨架，鱼骨状的主街和巷弄系统进一步联系起各片区，而大量的民居院落依附于这些枝干进行生长。新场的空间格局呈现出极为清晰的网格状分布，这是由生产型聚落发展出来的重要特征。

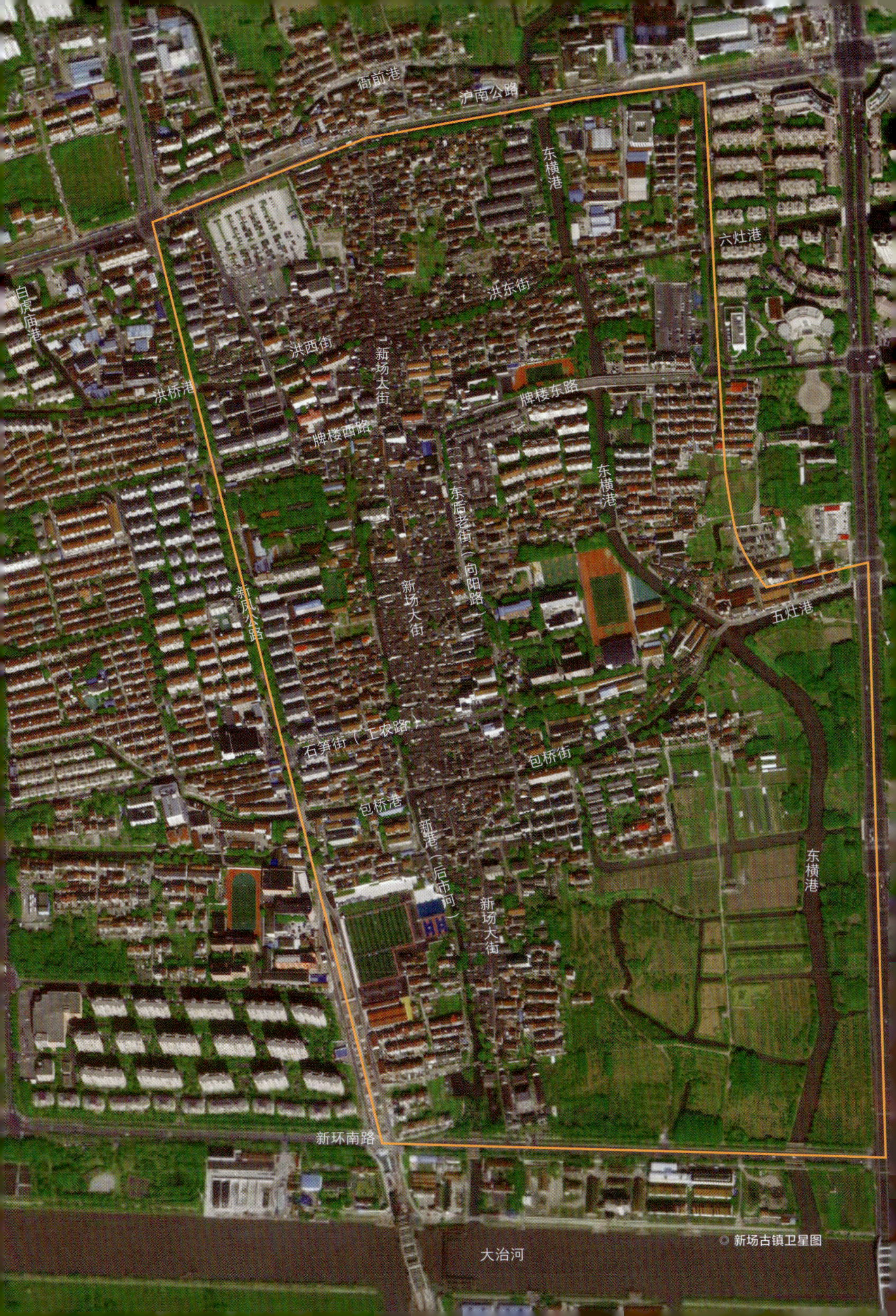
衙前港
沪南公路
东横港
六灶港
白虎庙港
洪东街
洪西街
新场大街
洪桥港
牌楼东路
牌楼西路
东后老街（向阳路）
东横港
新场大街
新奉公路
五灶港
石笋街（工农路）
包桥街
包桥港
新港（后市河）
新场大街
东横港
新环南路
大治河

新场古镇卫星图

空间景观

河道水网是江南水乡的空间骨架。新场古镇的河道主要是四横三纵，四横（东西向）由北至南分别是衙前港、洪桥港、包桥港和大治河;三纵（南北向）由西至东分别是白虎庙港、后市河和东横港。与其他江南地区自然湖泊水系形成的自然河道肌理不同，新场的河道主要是唐宋以来的人工运盐河。四条东西走向的运盐河横穿古镇，中间南北向一条新场大街作为陆路交通主轴。由于南北狭长，还有后市河作为新场大街必要的水运交通副轴，共同串起古镇的主要功能片区：北侧衙前港主要是行政管理，在历次战乱中损毁也最严重，目前历史建筑基本上鲜有遗迹可寻；中段洪桥港、包桥港两条主要对外河道周边是古镇最热闹的商业集市和主要的商贾大户所在区域，也是目前新场历史文化遗产最为集中的片区；南侧主要是大片的普通镇民居住片区。另外，河道兼具军事防御功能。新场也曾是浦东地区墩汛所在，所以东西两侧各两条南北向的河道：白虎庙港和东横港共同形成东西两侧的水上屏障。

与四横三纵的河道毗邻的是新场的六条主要街巷:新场大街、洪西街、洪东街、洪桥港下塘街、包桥街和包桥港下塘街。在街河相交的地方就是桥。新场的历史桥梁文化极为丰富，有记载的明代桥梁 7 座、清代桥梁 14 处，加上民国和 1949 年后建造的桥梁总计有 35 处之多。被河道和街巷分割的空间中，布满了在私人购置的地块上拔起的诸多历史建筑和它们之间的巷弄空间。在河道街巷交错的空间中，历史上也曾有过著名的“笋山十景”的经典空间节点：上方烟雨、仙洞丹霞、雷音晓钟、千秋夜月、书楼秋爽、高阁晴云、横塘晚棹、溪湾石笋、海眼原泉和南山雪霁。但今天仅千秋夜月和南山雪霁还能依稀看到古意，其余 8 处均已消失。

今天看来，新场的空间景观格局具有特殊性：从空间方面来说，不同于传统江南水乡，人工运盐河构成的骨架令其整体格局呈较为规整的矩形；从古镇的功能布局来说，以新场大街为主轴形成的行政—大户—普通居住区的分区也与典型的中国传统城市格局有着较大的相似之处，只是中段由于两条主要河道穿过，增加了商贾集市的属性。

新场的空间格局和历史景观是受盐场生产、水乡脉络和传统行政体系多种因素共同影响而形成的。

◎ 新场大街与石笋里牌坊

河道

河道水网是江南水乡的空间骨架。新场古镇的河道主要是四横三纵，四横（东西向）由北至南分别是衙前港、洪桥港、包桥港和大治河；三纵（南北向）由西至东分别是白虎庙港、后市河和东横港。另外，河道兼具军事防御功能。新场也曾是浦东地区墩汛所在，所以东西两侧各两条南北向的河道：白虎庙港和东横港共同形成东西两侧的水上屏障。

◎ 河道分布图

衙前港

❶ **衙前港**是新场历史最悠久的河道，宋代的两浙盐运司便设于衙前港的北侧。根据其名称推断，明清时期的镇衙门也应设于河道北侧。衙前港河道略窄，目前两侧驳岸已不可寻，水道已近堵塞。

洪桥港

❷ **洪桥港**北端的洪桥港，沿岸曾经居住着镇上显赫的大户，整个河道比后市河要宽许多。由于河道的运输商贸功能，沿河业态丰富，河岸立面变化亦丰富。临近洪福桥的建筑多为两层，在东西两侧向外逐渐过渡为一层。洪桥港北侧建筑直接临水，南侧则有下塘街步道，现有廊桥，但暂时无历史资料支持洪桥港下塘街有廊桥。如今有廊桥的下塘街，成为新场的餐饮一条街，商业开发略有过度。

洪桥港驳岸全长约 595 米，块石勾缝驳岸最多占 70%，部分有条石勾缝与青砖驳岸，极少条石驳岸，局部有红砖驳岸。

白虎庙港

❸ **白虎庙港**是新场西面的水上边界，历史上是连接衙前港和五灶港的南北向河道。目前大部分河道已被填埋，仅剩洪桥港至新奉公路一段。

后市河

❹ **后市河** 南北向的后市河的河道空间具有一定特殊性，与新场大街之间密密匝匝地分布着水乡住家宅院，沿街设店，临水而居，成为纵贯古镇南北的主脊梁。而作为水上交通的后市河隔开大宅院与自家的后花园，又以一道石板桥直接连接两者。因此，宅院、马鞍桥、石板桥、古驳岸、后花园菜园的组合关系，形成了新场不同于其他水乡的水岸宅居空间。临后市河的民居多是临新场大街宅院的最后一进院落，多为后勤仓储用房，以一层建筑居多。

后市河驳岸全长约 1200 米。最为悠久的是宋元时期青石筑砌的驳岸，分布在张厅宅院附近，无缝嵌合，砌筑工艺十分精密；其次是清代的金山石；再就是青砖。

包桥港

❺ **包桥港** 南端的包桥港，以前是行号货栈聚集之处，夹岸为街的包桥港下塘街上有廊棚遮蔽风雨。现今由于商业萎缩，相比洪桥港安静许多，并且保持着古镇的生活状态，宁静安详的古镇水乡气息十足。包桥港驳岸全长约 200 米，部分段经过修缮。南侧包桥港下塘街驳岸 60% 是条石驳岸，部分青砖驳岸；北侧包桥街驳岸 70% 是青砖驳岸；靠近包家桥西侧局部是条石驳岸。

东横港

❻ **东横港** 历史上是南北向的、连接北一灶港到南四灶港的重要水上交通，是新场集镇东面的边界和屏障，向南一直汇入大治河。

大治河

❼ **大治河** 是一条横贯东西、连接黄浦江到东海的大运河，1977 年开挖，1979 年通航，全长 45 公里，河面宽 100 余米，是浦东地区重要的生活用水、水上航道和良田灌溉的水利设施。历史上是南四灶港—杨辉河区域。

街巷

与四横三纵的河道比邻的是新场的六条主要街巷：新场大街、洪西街、洪东街、洪桥港下塘街、包桥街和包桥港下塘街。主街空间是新场古镇主要的公共活动空间和历史风貌展示空间。

由于河道是旧时主要交通贸易通道，主街的交会处也是水上交通和陆路交通的交会处，形成以洪福桥和包家桥为核心的南北两个镇中心，二者之间的镇区两侧的建筑多为两层，分布着茶楼、书场、酒楼、饭庄、客栈等多样业态，这个区域也是传统集镇的中心。

◎ 街巷分布图

东西向的主街空间以两个中心点向东西辐射，并逐渐由热闹过渡到安静的古镇日常生活空间，沿街两侧以居住为主的一层建筑逐渐增加；而南北向的新场大街，跨度长且又与两个中心交汇，故而多分布着传统商铺，多为二层，直至南部渐趋疏落。主街空间檐口的高低错落，形成空间的韵律感，石板的街面步入主街立面会抬高一个石阶。

被河道和街巷分割的空间中，布满了在私人购置的地块上拔起的诸多历史建筑和它们之间的巷弄空间。巷弄空间一般由主街空间外向型生长，并与主街空间垂直，呈现为鱼骨状的空间关系，尺度比主街窄约一倍，是最具古镇特色的公共空间。

这些巷弄以前是作为后勤交通或者火巷的功能，现在还起到主要交通与次要交通直接的连接作用。通常巷弄空间的尺度都较为狭小，石板材质的地面，入户处无台阶。古镇现状中有些街巷已遭到破坏，尺度过宽或地面使用水泥铺设都是破坏传统街巷的做法。

主街 – 新场大街

❶ **新场大街**是贯穿古镇南北的主要交通空间，北起沪南公路的北栅口，南到新环南路南山寺附近，总长约 1.6 公里。新场大街历史上也是古镇最主要的商业空间，道路两侧商店鳞次栉比，热闹非凡，保留了部分的老字号，其繁华的商业气氛一直延续至今日。在 1.6 公里的长度内，街道的尺度变化也较为丰富：北侧区域街道宽度较小，两侧建筑多以两层为主，商业较多；中部区域街道较宽，两侧建筑一层或两层交替出现；南侧区域尺度又恢复较窄，但建筑多以一层为主，商业少，所以氛围尤为静谧。街道地面以前为石板铺地，后被水泥地面取代，如今在古镇多方努力下又恢复了石板地面。

主街 – 洪东街

❷ **洪东街**与洪西街是古镇区域北部，沿洪桥港北侧东西向延展的两条街。洪福桥以东一直到千秋桥的部分为洪东街，洪福桥以西一直到叶氏花行的部分称为洪西街。洪东街长约 310 米，宽度 3 ~ 5 米，两侧建筑以两层居多。因洪桥港原是较为繁忙的一条商业运输河道，所以洪东街与洪桥港之间的区域原是北侧商户的码头空间和货栈区域，水上交通逐渐衰落后，这片区域发展成为两层的居民小住宅。因这些住宅大多为 1949 年后建设，故风貌与古镇多有不协调之处。

主街 – 洪西街

❸ **洪西街**西起新奉公路上的叶氏花行，东至新场大街洪福桥，全长约 291 米，宽度 3 ~ 5 米，街道两侧建筑多以一层商铺为主，石板铺地。与洪东街一样，原来也是沿洪桥港的沿河商业通道，在街道与河道之间的区域增建了许多居民小楼，使原来临河的道路和空间变成一条内部街巷。但临河一侧的建筑界面经过整治，已经较好地融入古镇的风貌。

主街－洪桥港下塘街

❹ **洪桥港下塘街**为洪桥港南侧沿河街道，分布于洪福桥两侧，西起后市河与洪桥港相交处的永兴桥，东沿洪桥港延伸至东横港，长约 470 米。由于与河道保持了较近的距离，沿河并没有受加建影响，较好地保留了传统街巷与河道的空间关系以及传统临河街巷旁的树木。后期在街巷中加建了部分廊棚，营造出舒适的休憩空间和传统生活氛围。

主街－包桥街

❺ **包桥街**是古镇南部沿包桥港北侧东西向展开的一条临河街道，西起新奉公路，东至东横港与包桥港相交处的地平桥，全长约 750 米。街道两侧以居住建筑为主，后市河以西区域，街巷两侧多为农民小住宅，风貌较差；后市河与南利桥之间区段保留有较为完整的传统民居，所以风貌较好；再以东区域有较多工业厂房，风貌较差。

主街－包桥港下塘街

❻ **包桥港下塘街**是包桥港南侧的沿河街道，西起新场大街包家桥，东至南利桥，全长约 130 米，后期加建了廊棚，覆盖了大部分的街道空间，亦形成舒适的居民生活休闲空间。

桥梁与驳岸

◎ 桥梁与驳岸分布图

在街河相交的地方就是桥。新场的历史桥梁文化极为丰富，有记载的明代桥梁 7 座、清代桥梁 14 处，加上民国和 1949 年后建造的桥梁总计有 35 处之多。

新场古镇拥有数千米的古驳岸，主要分布在后市河、洪桥港、包桥港，灰白色的石灰岩，当地人称为青石，属于明代；黄色的花岗岩为金山石，于清代至民国年间建成。严丝合缝的砌筑形式，呈现出当时工艺的精湛和细致。驳岸立面分布着许多马鞍水桥，牛鼻、宝瓶等形象的系船缆石，石制、拱圈型排水口。

1949 年后修砌的驳岸多以条石勾缝为主，局部为块石勾缝驳岸与红砖驳岸。目前有部分驳岸由于年久失修，已出现破损与塌陷。

洪福桥

千秋桥

包家桥

青龙桥

石拱桥、石板桥

“十三牌楼九环龙”中的环龙就是新场人对石制拱桥生动形象的称谓。古镇中现存的石拱桥已经非常稀少，目前只有洪桥港与东横港交界处、横跨东横港的千秋桥是始建于康熙年间（1662—1722），后在乾隆年间（1736—1796）与同治年间（1861—1875）都重修过，日伪时期损毁严重，1983年由镇城建部门整修，现在是区级文物保护单位。白虎庙石拱桥在新场古镇西北角处，又称“义和桥”，现已经损坏。

两处风貌较好的石板桥是洪桥港东侧的青龙桥，以及包桥港上的包家桥，其中青龙桥始建于明代，清代重修，最具参考价值。

黄振如桥

后市河桥

新场的后市河桥，其作用是宅院直达后花园的通道。这些石桥破坏较为严重，柱形钢管栏杆与混凝土桥身，已不是曾经的样子。

日照堂马鞍水桥

水埠水桥

马鞍水桥 多分布在后市河上的马鞍水桥，双向石阶入水，形象犹如马鞍，故称之为马鞍水桥，一般凸出于驳岸。桥身为条石无缝嵌合砌筑，台阶为条石压顶，在桥身靠水面处有石制排水口，有时在桥身处会有牛鼻系缆石。

俞家弄单边水桥

单边水桥 主要分布在洪桥港和包桥港，后市河出现较少。材质与双边马鞍水桥相同，形式上不同于双边入水的马鞍水桥，是单向石阶入水。单边水桥与驳岸的关系，有些是凸出于驳岸，有些是嵌入在驳岸立面里。

黄振如桥直通水桥

直通水桥 主要分布在后市河，一般为后勤洗衣、水上交通物品装卸的功能。因而在后市河有许多直通水桥可直接从宅院中步入河道，也有从巷弄中直接步入河道。

后市河驳岸

俞家弄至临后市河宅

日照堂宅至李锦章宅

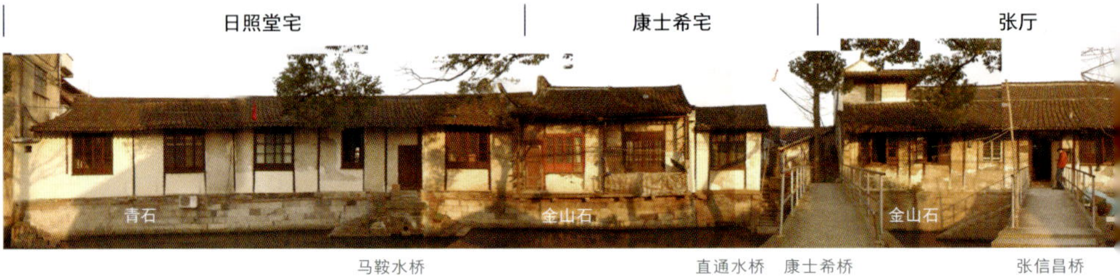

黄振如宅至王老十南宅

后市河 – 黄振如桥

牛鼻系缆石

石制排水口

李锦章宅

彡十南宅

水桥

景观节点

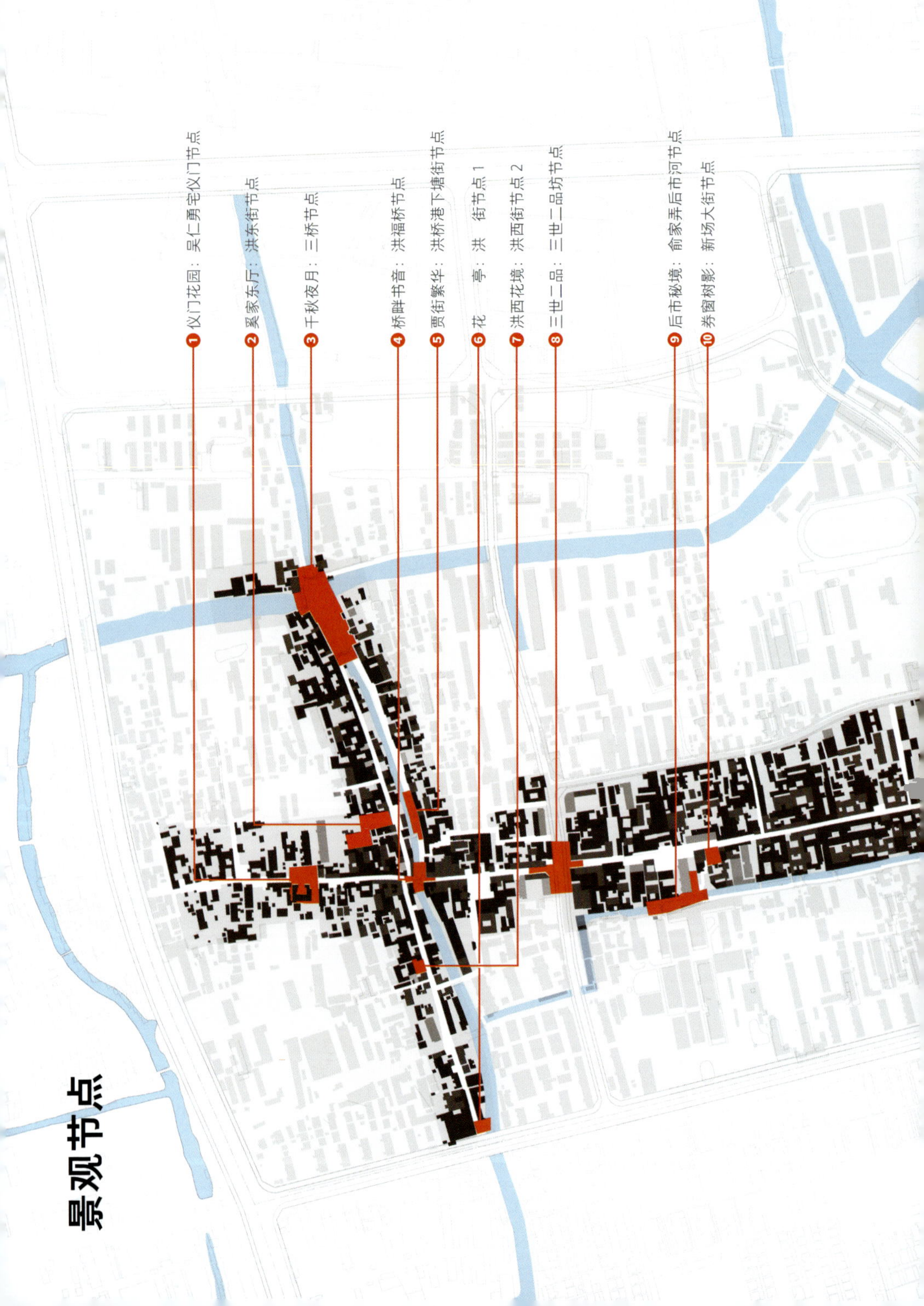
1 仪门花园：吴仁勇宅仪门节点
2 奚家东厅：洪东街节点
3 千秋夜月：三桥节点
4 桥畔书音：洪福桥节点
5 贾街繁华：洪桥港下塘街节点
6 花 亭：洪 街节点 1
7 洪西花境：洪西街节点 2
8 三世二品：三世二品坊节点
9 后市秘境：俞家弄后市河节点
10 券窗树影：新场大街节点

◎ 景观节点分布图

在河道街巷交错的空间中，历史上也曾有过著名的“笋山十景”的经典空间节点：上方烟雨、仙洞丹霞、雷音晓钟、千秋夜月、书楼秋爽、高阁晴云、横塘晚棹、溪湾石笋、海眼原泉和南山雪霁。但今天仅千秋夜月和南山雪霁还能依稀看到古意，其余 8 处均已消失。

仪门花园

❶ 仪门花园：吴仁勇宅仪门节点

具有情调意境的古镇生活休憩场所。由大、小两个围合空间组成，整体氛围平静而富有情调。白天人们在程家花园连廊休息聊天，午后有咖啡香气，晚上有时会有老人拉着二胡吟唱，是一处深受年轻人喜爱的休憩场所。

奚家东厅

❷ 奚家东厅：洪东街节点

奚家东厅中西合璧的建筑。新场中西建筑风格融合的民居建筑代表，并且极具观赏性与标志性的合照留影地点。立面前适当开放的广场空间，增加停留的时间；设置了一些小型的人物雕塑组合，使广场空间富有趣味。

千秋夜月

❸ 千秋夜月：三桥节点

四龙聚港，同望千秋夜月，悠闲自在的水乡生活。千秋桥是笋山十景之一“千秋夜月”的主景。千秋桥与附近洪桥港的青龙桥以及六灶港的城隍庙桥遥相呼应，水面开阔，岸上大树行植。如今在千秋桥周边，青龙桥以东的洪桥港与六灶港交汇处，建起一座横跨洪桥港的廊桥。在廊桥上，东望可观赏到千秋桥、城隍庙桥双桥同景，西看青龙古石桥静卧洪桥港，桥桥相望，四季风景步移景异，尽显其中。水乡人家的风情十足。

桥畔书音

❹ 桥畔书音：洪福桥节点

桥畔书音，繁华而有序的水乡集市。由洪桥港—洪福桥—第一楼组成的景观节点，是古镇如今最繁华的交会点，已经成为新场经典水乡风情场景，是新场最重要的景观节点之一。

贾街繁华

❺ 贾街繁华：洪桥港下塘街节点

热闹的休闲餐饮滨水步行空间。沿洪桥港南侧的滨水石驳岸，风雨连廊沿驳岸而建，与沿街的餐饮形成新的步行餐饮休闲空间，从洪桥往东是“千秋月夜”四桥景色。

花行小亭

❻ 花行小亭：洪西街节点 1

安静的古镇生活态。位于古镇西面新奉路进洪西街入口处。沿新奉路是不可移动文物及优秀历史建筑——叶氏花行的民居建筑立面。斑驳的白墙灰瓦之上是层层递进的马头墙与蜿蜒曲线的观音兜两种形式的山墙面，是新场古镇特有的多元地域风格特征。进入洪西街，一座六角小亭玉立在古老的石驳岸边，休闲且安静。

洪西花境

❼ 洪西花境：洪西街节点 2

热闹市集的古镇生活态。在洪西街与张叶弄交接处，三面均为一层民居建筑围合的公共空间，可以清晰地看到以木质穿斗式结构的民居山墙面。现除沿洪西街是休闲商业外，其余基本为原住民自家生活的民宅，保留了古镇的生活味。

三世二品

❽ 三世二品：三世二品坊节点

位于牌楼西路上，重要历史场景节点，新场大街南北区分界点。

后市秘境

❾ 后市秘境：俞家弄后市河节点

绿林拥簇的幽静水岸生活。与新场大街垂直的俞家弄直达后市街，站在俞家弄桥上北望后市河，近处原先的排水管道成半弧形跨河，其上爬满爬山虎，成为近景；河岸两边爬山虎爬满旧厂房的立面与张沛君宅的观音兜山墙微翘的一角，成为中景；再往前是一座石板桥跨河而过，远处是高耸的水杉。画面安静且神秘，犹如新场的一处秘境花园。在对周边环境及其立面进行整治或改造的同时，可注入品质较高、融合轻餐饮与文化休闲的复合型业态，活化场景空间。

券窗树影

⑩ 券窗树影：新场大街节点

集市街区到后市河的休憩空间。中西结合的山墙面与停留的绿化空间，白墙绿树也是具有古镇市集风情的场景。

石笋新里

⑪ 石笋新里：石笋里牌坊节点

重要历史场景节点，新场大街、石笋街交接处，商业区与生活区的分界点。

夕曛包桥

⑫ 夕曛包桥：包桥下塘街节点

安静祥和的水乡古镇生活与滨水步行空间。古老的石板桥跨河而过，从北面热闹市集的现代商业氛围逐渐过渡到水乡生活原态。包桥港北连接新场大街南北向的石桥，两侧是古老的石驳岸与连廊、中华楼一角，与石桥共同形成包桥港水乡古镇景象。

南山雪霁

⑬ 南山雪霁：南山坊节点

在新场大街最南端，是古镇较安静的区域。周边有百年银杏与南山寺，形成古镇南端的重要入口景点。

古镇的历史建筑解析

院落格局

木结构与木构件

立面

山墙

屋面

门窗

仪门

垛头

装饰与纹样

营造技术

材料与色彩

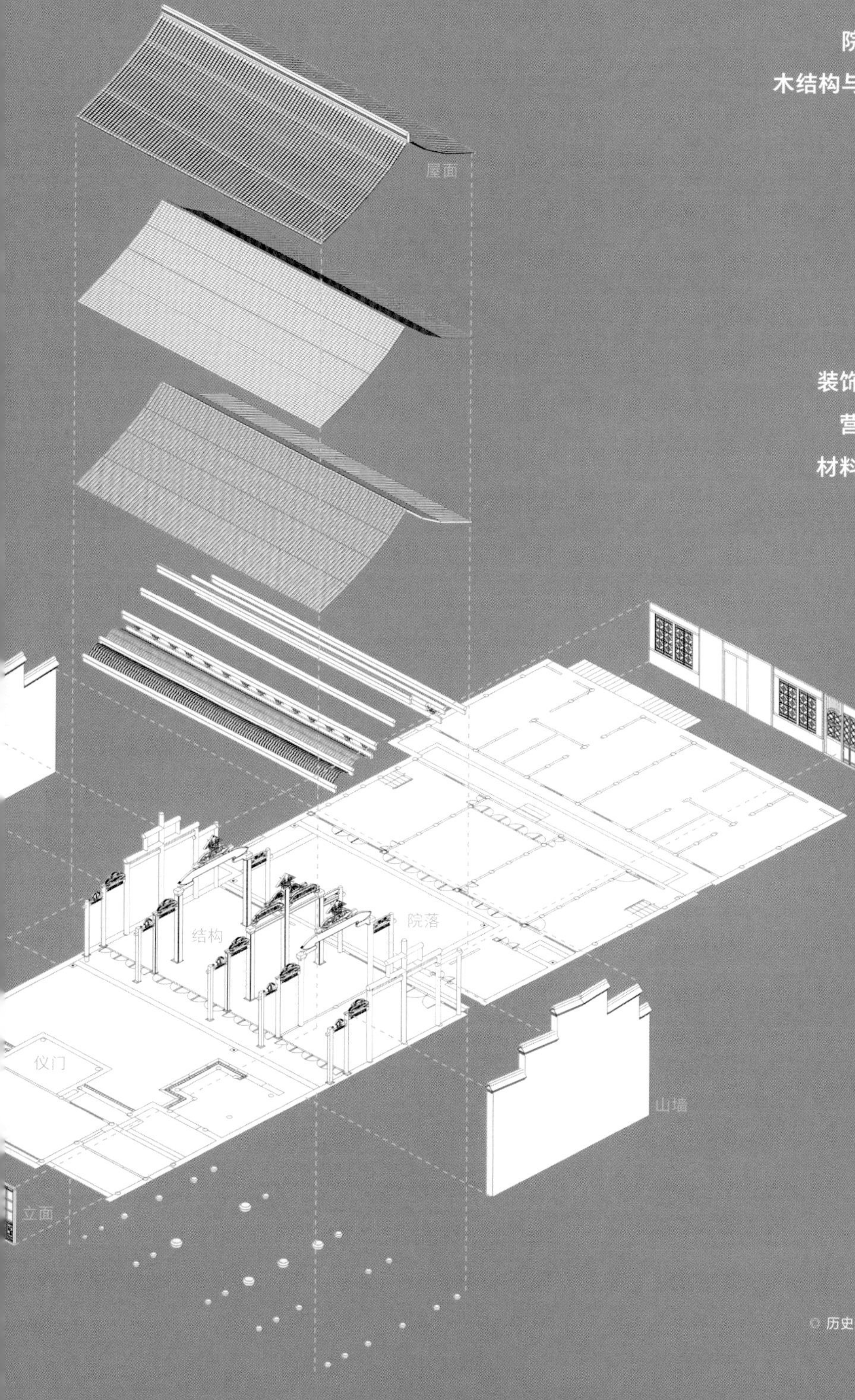

历史建筑

新场保留了浦东地区最大、最完整的明清建筑群。其中，市级文保单位 2 处：第一楼书场和信隆典当行；区级文保单位 9 处：南山寺、张厅、千秋桥、耶稣堂、石驳岸及马鞍水桥、保佑桥等；区级不可移动文物 70 处；有 65 处历史建筑被保护规划列为保留历史建筑。

“多样性是城市的天性”，这个结论同样也适合新场这样的传统聚落。新场古镇历史建筑的多样性特征是在浦东地区地域文化的同一性中呈现出来的，在风格或细部等方面存在丰富的差异，这也使新场的历史风貌有别于浦东其他乡土聚落。除了同大多数传统聚落一样受自然环境因素、经济因素和土地私有化等因素影响以外，移民文化、人物身份和复杂的建筑使用功能也是形成新场历史建筑多样性的社会因素。

移民文化 明清时期浦东地区盐业、农业和商业的发达吸引了较多来自太湖流域的移民，所以今天看到的大部分民居建筑的院落格局、细部装饰，以及民居中牌科的使用等，都基本沿袭了香山帮的做法。在新场大量出现的马头墙的硬山形式，是新安江流域的移民明清以来沿江东进，对整个江南地区民居影响的结果。而硬山的另一种形式——观音兜则是清末来自南方沿海移民，特别是浙江宁波移民带来的沿海民居特征，是滨海居民在马头墙做法的基础上，为抵抗海风和防火而创造出来的建筑形式。而民国时期与上海的交流则带来很多上海西式建筑的装饰和做法，其中既有移植较完整的上海的建筑体系，也有将西式建筑的细部巧妙地与传统建筑进行结合，张厅中仪门上创造性地出现了西方柱式的做法，而且比例恰到好处，就是典型的例子。

身份表征 新场自古以来是“上洋巨镇”“东南大利”，故“贾贩甚盛”，而且“农畛乐业”，又加上“科第两朝称盛”，近代时期也是浦东“三把刀”[1]的匠人聚集地，所以新场古镇的居民中士、农、工、商的身份类型多样，而且均占有相当的比例。今天看到新场古镇中保有大量完整的多进院落民居，轴线空间序列严谨，工艺考究，大部分带有仪门，并且附着大量的文字家训；而在沿街与沿河，特别是街道与河道相交的区域又出现了大量的商业性建筑，有的是前店后宅，有的就是单排的纯商业建筑。这种建筑类型的多样化正是丰富的社会阶层结构的体现。

实用功能 多层次社会阶层结构意味着对建筑的使用功能提出了多样化的要求，新场的建筑也因此呈现出更加多样化的风貌，其中包括居住建筑、商业建筑、商住混合建筑、宗教建筑等多种类型。

❶ 三把刀：“第一把刀”是“泥刀”。清光绪六年(1880)，上海滩上有位来自浦东蔡路乡的建筑大师名叫杨斯盛，泥工出身，有一手好艺，曾承建上海市内海关大楼、汇中饭店（现和平饭店南楼）、中国银行大楼、杨树浦发电厂等。“浦东一把泥刀”的称誉由此而来。“第二把刀”是“剪刀”。1917年，浦东孙桥乡人金鸿翔在静安寺创办鸿翔时装公司，之后在南京东路开设分店，专门经营女式时装和呢子大衣，因式样时新、做工精细，成为上海时装行业最出名的商店。“第三把刀”是“菜刀”。在上海开埠之时，称西菜为大菜，故在浦东地区厨师又叫“大菜师傅”，其中数施锦江（又名施阿江）和冯金山最有名气。

院落格局

院落是新场古镇民居建筑典型的构成单元，保持了江浙地区传统院落的组织方式——主要院落沿纵向展开的空间序列。此外，因地制宜的新场古镇院落格局更灵活，主要院落不一定沿纵轴严格对称，建筑的组织方式以及院落的位置出现了更多的可能性和特殊性。例如，常见的临后市河的跨河花园院落，以及临洪桥港的跨街前院院落类型。新场古镇民居建筑的院落布局体现出其商业化集镇的历史特征。大部分院落临街一排建筑均为商铺，前两进为厅堂或前院，后端部分为居室和后勤空间。

院落的入口分为两种：大户人家的入口位于院落的正中，一般居民的入口位于院落的一侧，以空出完整的临街建筑空间作为商铺。

新场古镇院落格局分为传统院落类型和新场特有的院落格局类型。传统院落格局类型分为一进至多进串联型院落，两座院落并联的院落类型，以及独栋建筑；新场特有的院落格局类型分为跨河花园型与跨街前院型两种。

1. 张氏宅第
2. 第一楼书场
3. 易氏宅
4. 陆氏宅
5. 奚家厅（西厅）
6. 谢渭盛老店
7. 朱梦云宅
8. 信隆典当
9. 新和酱园
10. 王道宅
11. 李锦伯宅
12. 叶氏花行
13. 张氏二房
14. 潘氏北房
15. 潘氏南房
16. 方大复宅
17. 庆祉堂
18. 嘉乐堂
19. 郑氏新宅
20. 王和生宅
21. 王正泰新宅
22. 王老九宅
23. 王氏老宅（王保生宅）
24. 正顺官酱园
25. 杨家厅
26. 朱氏老宅（朱玉林宅）
27. 朱正源宅
28. 屈氏宅
29. 杨社庙
30. 奚志安宅
31. 杜氏宅
32. 吴仁勇宅
33. 行素堂（残）
34. 晏公祠
35. 御书楼
36. 江倬云宅
37. 老警察局
38. 三合楼天井宅
39. 叶汉仁宅
40. 东奚家厅
41. 胡桂清宅
42. 城隍庙
43. 吴宅
44. 张宅
45. 大本堂（残）
46. 康泰丰宅
47. 李锦伯宅南侧
48. 郑少云宅
49. 张沛君宅
50. 郑绍康宅北
51. 郑绍康宅
52. 程远夫宅
53. 程聘臣宅
54. 后市河东郑家弄桥东桥头南
55. 青龙庙
56. 日照堂
57. 康士希宅（日照堂南）
58. 王家弄西头南侧
59. 李锦章宅
60. 黄振如宅
61. 王老十宅
62. 吴清官宅
63. 临后市河宅（王老十宅南）
64. 金永清宅
65. 张保堂宅
66. 谢渭盛宅
67. 唐林祥宅
68. 康宅
69. 王永生宅
70. 李秀珍宅
71. 徐祥泰宅
72. 临后市河宅（包桥港北部）
73. 唐家宅
74. 三合天井宅
75. 西式院门小院
76. 西式院门小院路东
77. 中华楼
78. 闵宅
79. 清净禅寺
80. 40 号仓库桥东桥头
81. 沈宅
82. 岳垂烈宅
83. 沈宅隔新港对岸
84. 张贵宾宅
85. 毕万石宅
86. 杨社弄桥东头北侧
87. 乔家庵
88. 康家宅

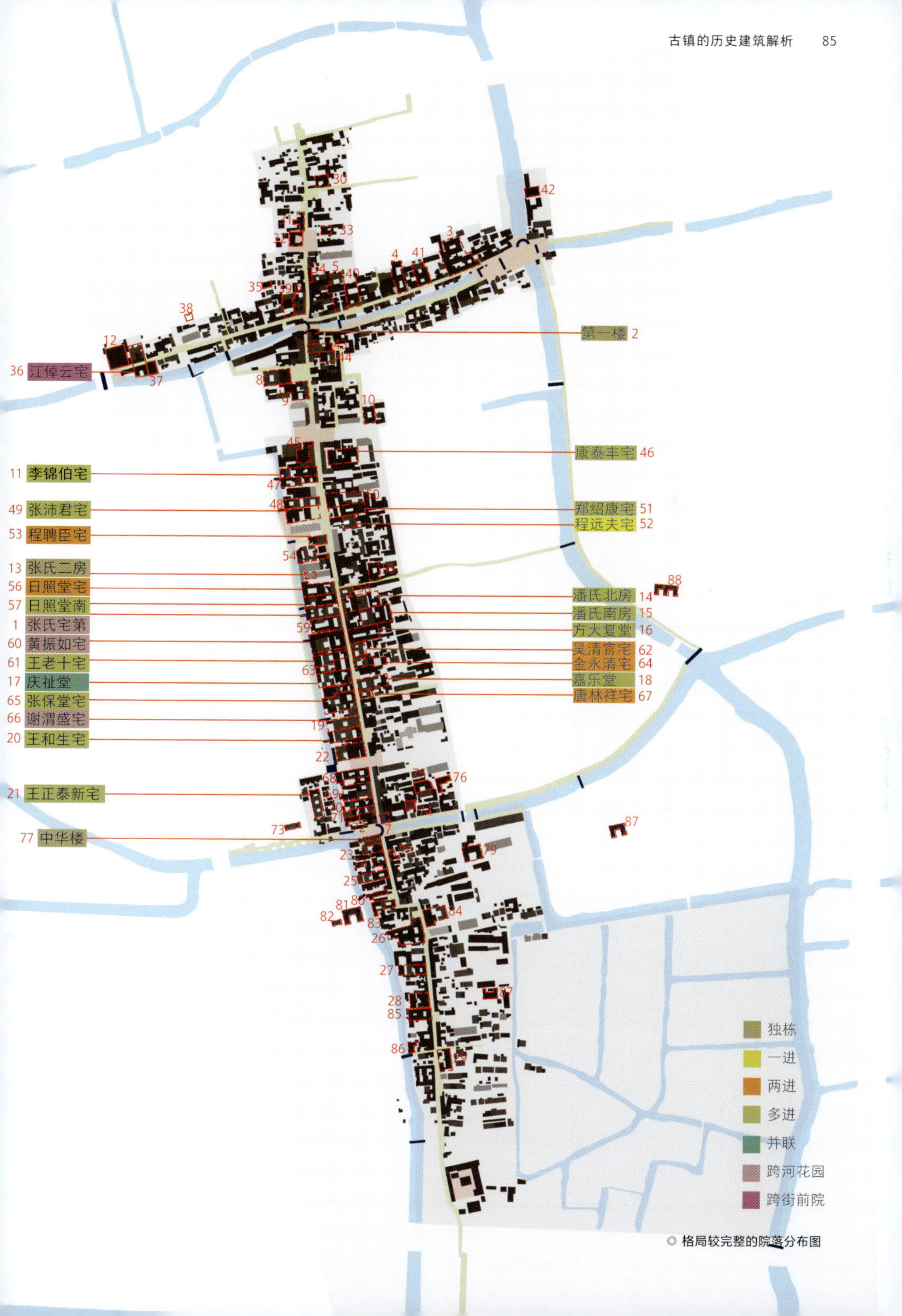

◎ 格局较完整的院落分布图

院落格局类型

院落类型分为一进与多进、串联与并联型院落和独栋建筑。部分一进院落受到上海石库门影响，呈三边围合；也有传统的两进至七进不等的多进院落。七进院落已无存，现存院落最多五进。院落空间的组合方式也各有不同：一般为串联型的多进院落组合，也有并联型的多进院落组合。

独栋建筑型

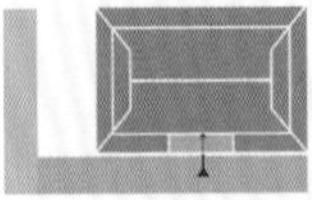

新场大街居委会院内 张氏二房

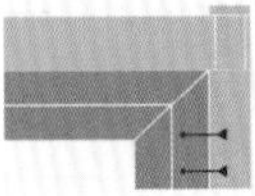

中华楼

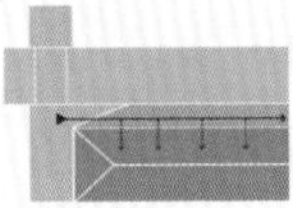

第一楼

一进－两进院落型

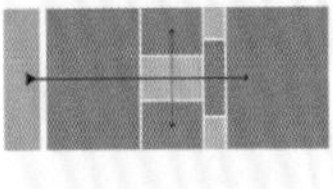

新场大街 210 弄 金永清宅

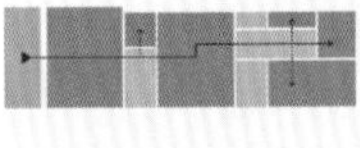

新场大街 252 弄 唐林祥宅

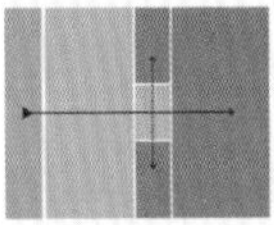

新场大街 348 弄 程远夫宅

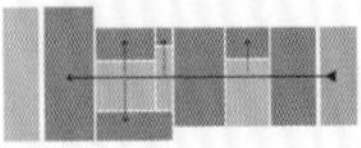

新场大街 275 弄 日照堂宅

新场大街 284 弄 吴清官宅

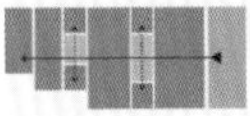

新场大街 291-297 号 程聘臣宅

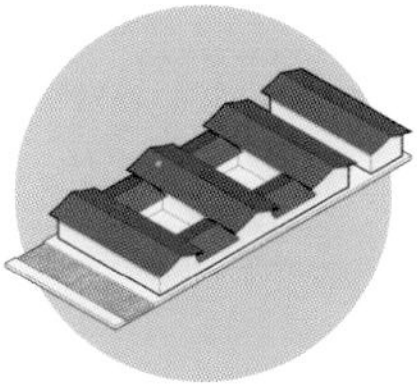

多进院落型

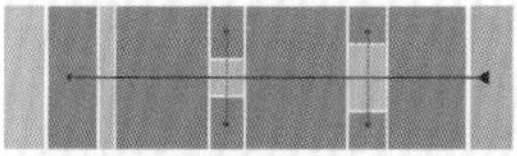

新场大街 195 弄 王和生宅

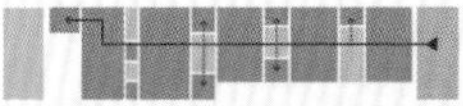

新场大街 225 弄 张保堂宅

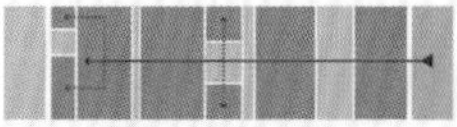

新场大街 245 弄 王老十宅

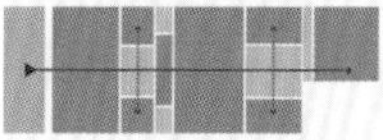

新场大街 260 号 嘉乐堂

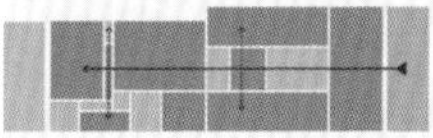

新场大街 281 弄 日照堂南

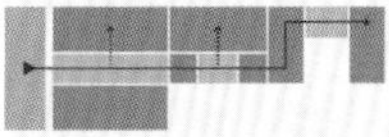

新场大街 284 弄 方大复宅

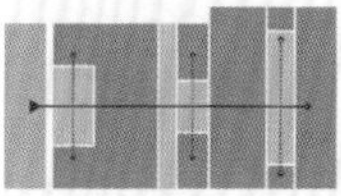

新场大街 302 弄 潘氏南房宅

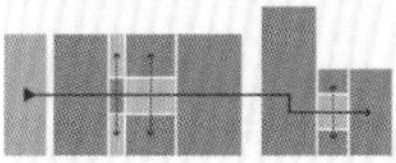

新场大街 308 弄 潘氏北房宅

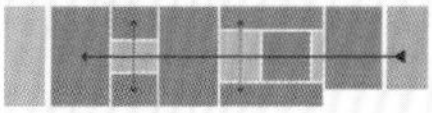

新场大街 319 号 李锦伯宅

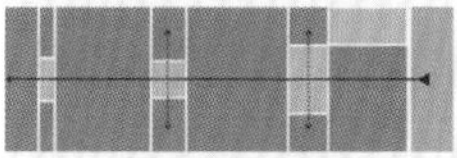

包桥街 86 弄 6-19 号王正泰新宅

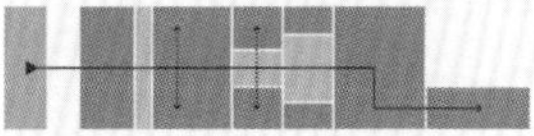

新场大街 350 号 郑绍康宅

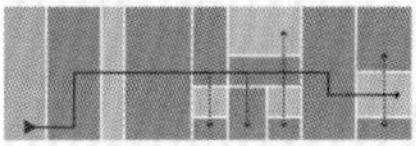

新场大街 370 弄 康泰丰宅

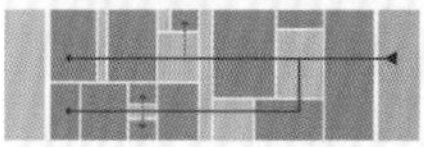

新场大街 227-233 弄 庆祉堂

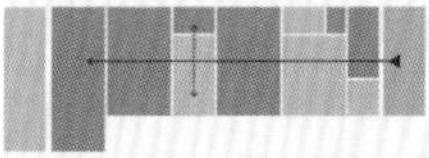

新场大街 303 号 张沛君宅

受到古镇本身历史文化的影响，新场衍生出特有的院落格局——跨河花园型与跨街前院型。

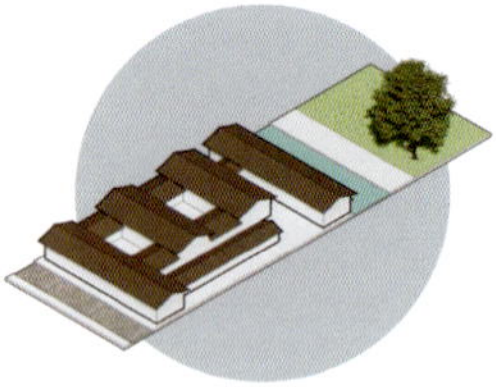

跨河花园型

沿后市河与新场大街之间的院落空间，形成跨河花园型的特殊格局：街道—宅院—河道码头—桥梁—私家花园。

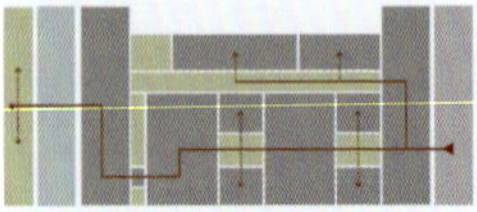

新场大街 259 弄 黄振如宅

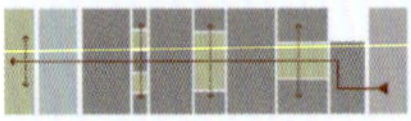

新场大街 271 弄 张氏宅第

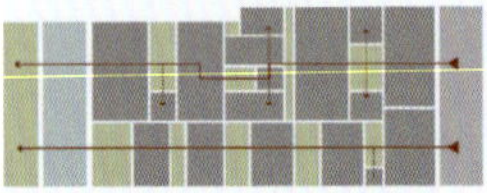

新场大街 209-221 弄 谢渭盛宅

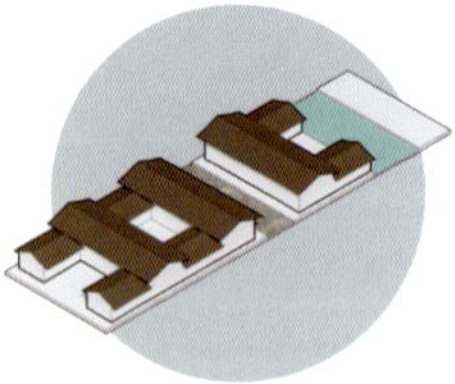

跨街前院型

部分在洪东街和洪西街北岸的院落，呈现另一种特殊的跨街前院院落格局：河道码头—前院—街道—宅院。

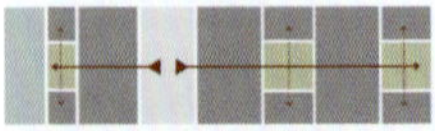

洪西街 106 号 江倬云宅

结构与构件

木结构是新场历史建筑主要的结构类型。其结构是用木立柱、木横梁构成房屋的骨架，屋子的重量通过横梁集中到立柱上，墙起隔断作用，不承担房屋的重量。柱下设石础，柱上托梁，梁上托檩条，檩条上设椽子，再上设望板，望板上挂瓦，组成整个木结构骨架系统。除了基本的屋架和柱，新场较为有特色的还有牌科和轩廊。

◎ 木构件示意图

木结构类型

穿斗式　穿斗式木构架结构，沿着房屋的进深方向立柱，但柱的间距较密，柱直接承受的重量，不用架空的抬梁，而以数层“穿”贯通各柱，组成一组组的构架，也就是用较小的柱与数根木拼合的“穿”，做成相当大的构架。

叶氏花行第一进

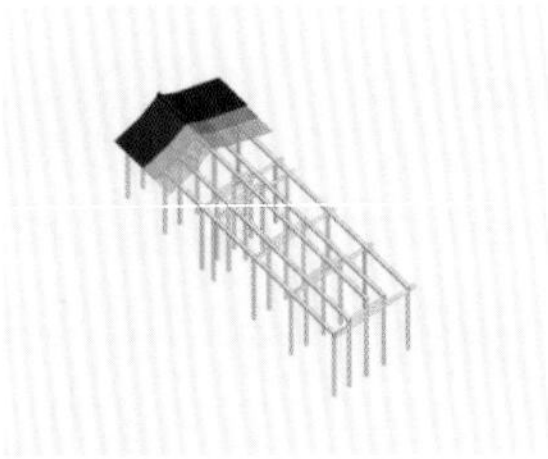

奚家西厅第一进

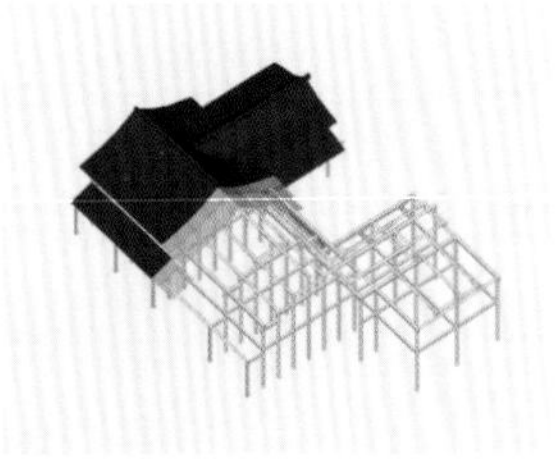

奚家西厅第四进

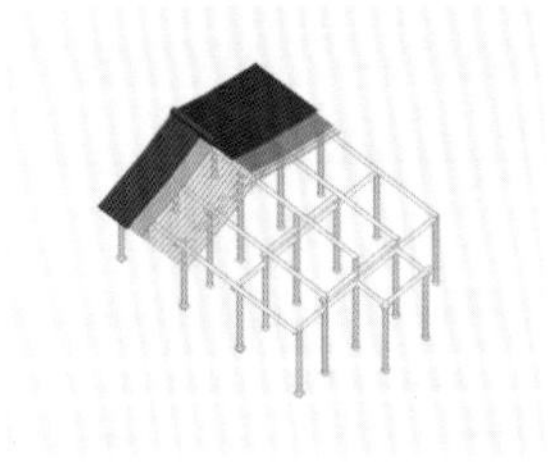

张厅第一进

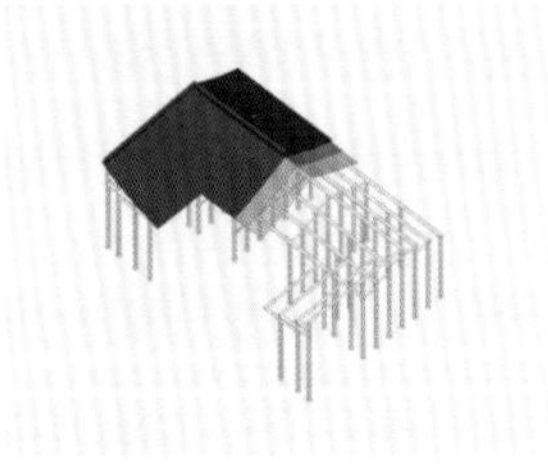

张厅第三进

张沛君宅第三进

张沛君宅第四进

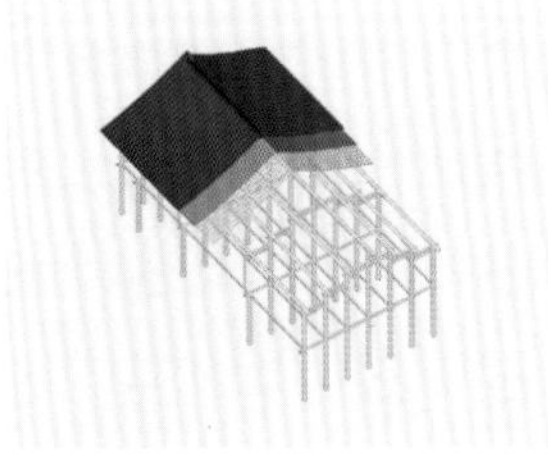

李锦伯宅第四进

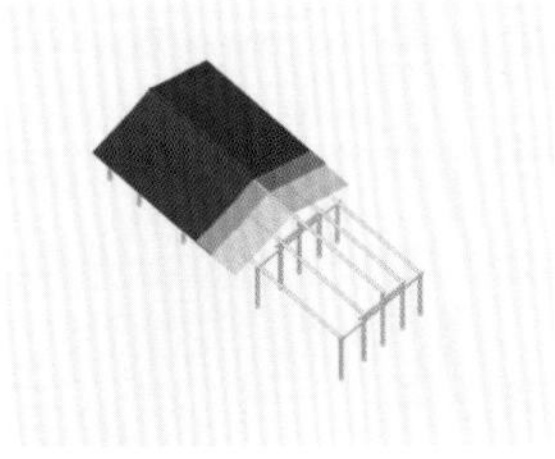

王和生宅第四进

抬梁-穿斗混合式 抬梁式木构架结构，沿着房屋的进深方向在石础上立柱，柱上架梁，再在梁上重叠数层瓜柱和梁，自下而上，逐层缩短，逐层加高，至最上层梁上立脊瓜柱，构成一组木构架。新场的抬梁式只出现在商铺和厅堂的正贴，而其对应的边贴仍为穿斗式。

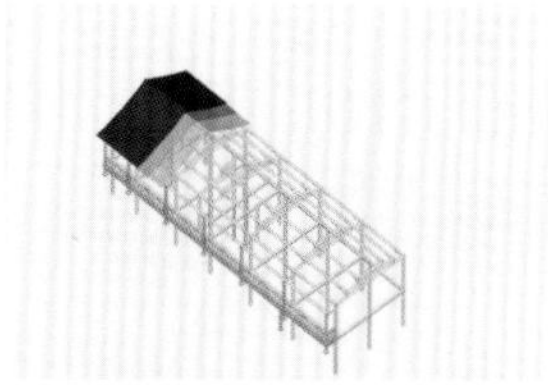
奚家东厅第一进

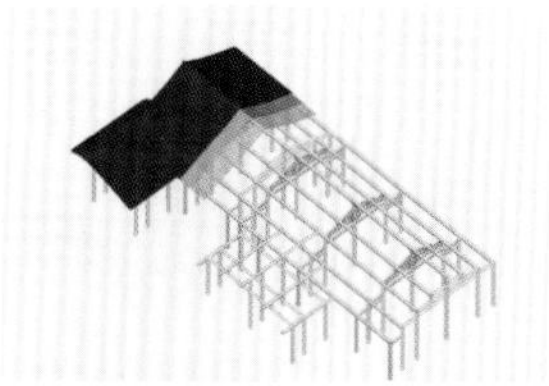
奚家东厅第二进

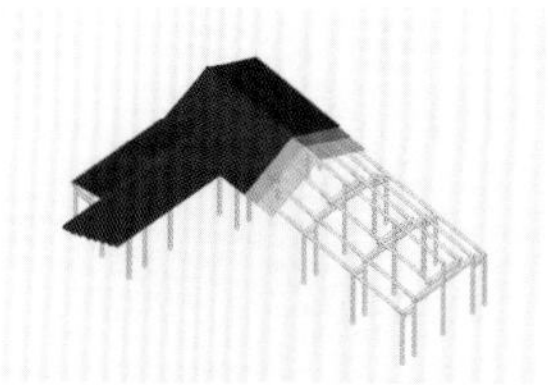
奚家东厅第三进

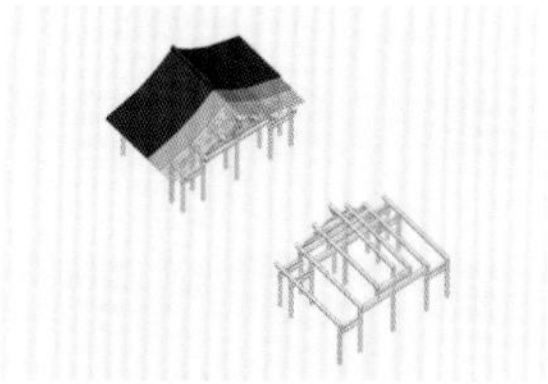
奚家西厅第二进

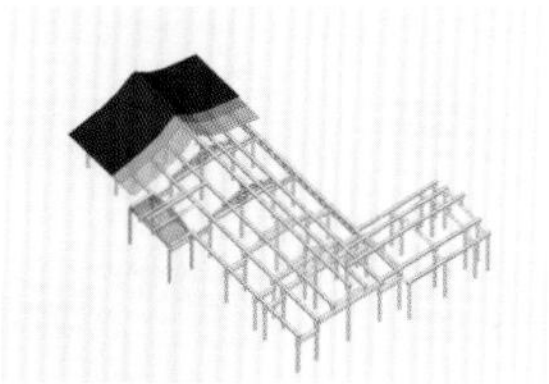
奚家西厅第三进

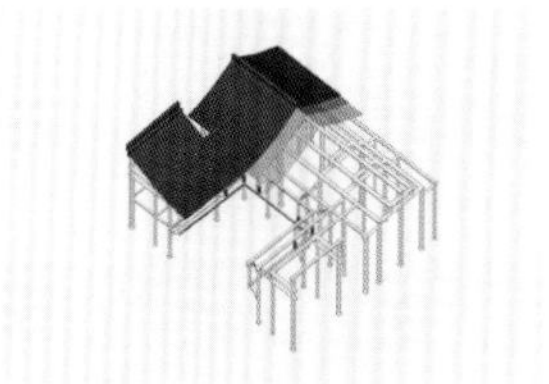
张厅第二进

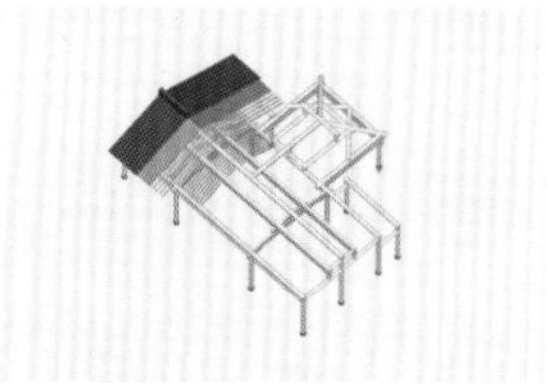
张沛君宅第一进

张沛君宅第二进

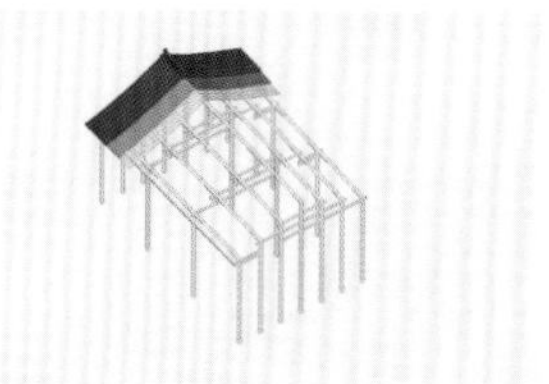
李锦伯宅第一进

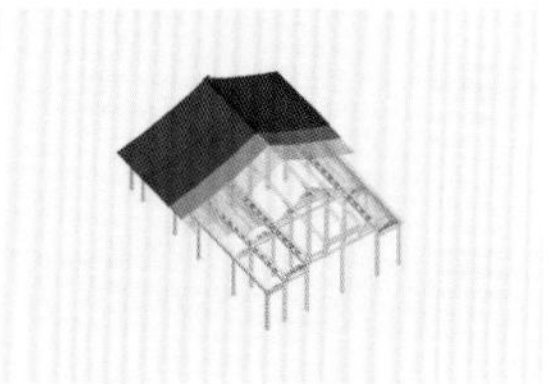
李锦伯宅第三进

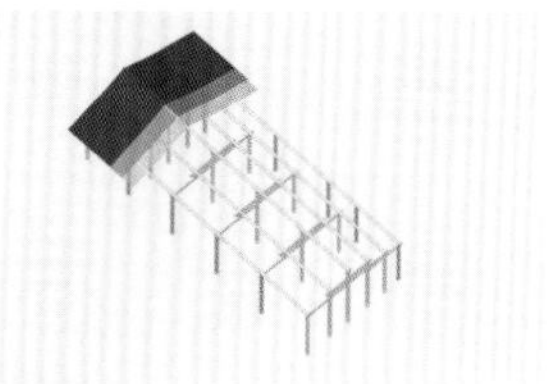
王和生宅第一进

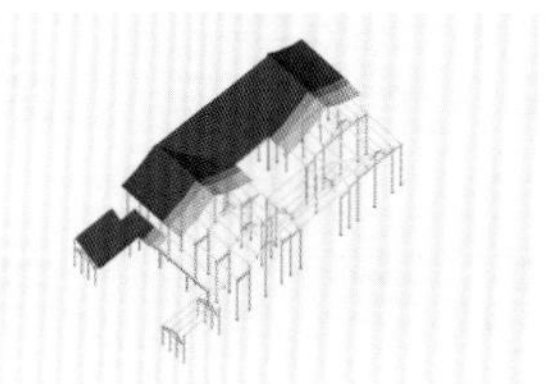
王和生宅第二、三进

木构件

牌科　新场承重的牌科分布在出挑的枋之上，用以承受屋顶的重量，并形成无柱外廊。另外，牌科作为装饰元素，常出现于梁枋及仪门装饰上。

轩廊　轩的本义是指向上翘起的曲木，轩廊特指南方附属于主体的卷棚式屋顶。轩廊多出现在厅堂前后，或前院落四周。

牌科 – 奚家厅

轩廊 – 李锦伯宅

牌科 – 康泰丰宅

轩廊 – 奚家厅

轩廊 – 金氏住宅

立面

沿街建筑立面类型组合丰富多样，组成了连续的界面。由于沿街建筑的功能属性和建筑层数的多样性，有的路段是连续的商业或者居住界面，有的是混合型界面，展现了原汁原味新场居民的生活状态。

© 李锦伯商业立面

沿街立面

沿街建筑的立面形式因其建筑功能分为商业立面和居住立面两种类型，其主要区别在于一层建筑的立面形式。

商用立面 主要以长门或板门[1]为主要构成元素，门窗洞口较为开敞；门窗组合灵活，从一开间至七开间不等。

商业立面 – 叶氏花行

商业建筑门窗洞口开得比较大，呈现开放性特征。沿街建筑一般有一至二层，一层组合形式丰富，一般采用门窗组合加白色抹灰墙构成，门为木板门及隔扇门，窗为排板窗。二层作居住功能使用，由木板墙与木窗构成。

居住立面 一般较为简洁，仅为一开间或两开间；立面仅为单门和单窗的组合。

居住立面 – 新场大街南段

民居建筑比较封闭，共一至二层。一层一般设一门一窗，门洞窗洞都不大。门窗为木质，墙面使用白色抹灰墙面。二层与商业建筑一样，作居住功能使用，由木板墙与木窗构成。

沿河立面

主要分布在新场大街中段，紧邻西侧后市河的建筑中。立面一般较为简洁，通常是有一扇门通过马鞍水桥延伸至河对岸的花园，其他每个开间都以窗为主。建筑多为一层。门窗为木质，墙面使用白色抹灰工艺。

沿河立面 – 张厅

[1] 板门：与隔扇门相对而言，以板为门扇。

山墙

山墙是新场民居整体特色的重要组成部分。由于受到不同地域建筑文化的影响，新场的山墙形式也多种多样。其中既有典型的江南民居中的悬山穿斗式山墙，也有大量的硬山山墙，如极具特色的呈阶梯状叠落、形似高昂挺拔马头的马头墙，如帽兜般天际线的观音兜，以及受西方建筑文化影响的石库门山墙。它们高低错落，中西碰撞，正是新场古镇风貌别具一格的地方。

© 悬山山墙 - 新场大街 311 弄

穿斗式山墙

多为外露的木结构，可清晰地看到房屋结构体系。外露屋架为穿斗式，且常出现梁枋夹底的形式，即梁枋下加同样的横向木料，以加固整个结构体系。另外，凸出山墙面的檩头位置常有盖瓦装饰，以保护木料，防止其受潮。

硬山山墙

新场硬山山墙最具特色。受东南沿海民居、徽派民居以及近代上海西式建筑文化的影响，新场的硬山山墙分为观音兜、马头墙及石库门山墙三类。

观音兜　以曲线构图，形成如帽兜般的天际线。新场的观音兜丰满而坚实，挺拔而敦厚，是整幢屋宇外在部分的亮点。

马头墙　以直线构图，作阶梯状叠落。新场的马头墙在尖角处与众不同，其他地方的马头墙尖角处或是直角，或是尖端如飞翼高高翘起，而新场的马头墙只是在尖角处微微上扬，平稳而不失灵气，大气而极其精美。

石库门山墙　是民国时期受上海建筑文化的影响，在传统观音兜山墙的基础上加入西式线脚等元素，并将线形几何化的山墙形式。

悬山 - 新场大街 311 弄

悬山 - 新场大街 81 号

悬山 - 洪西街 1-7 号

硬山 - 观音兜 - 叶氏花行

硬山 - 观音兜 - 郑绍康宅

硬山 - 观音兜 - 郑生官宅

硬山 - 马头墙 - 叶氏花行

硬山 - 马头墙 - 叶氏花行

硬山 - 石库门山墙 - 江倬云宅

硬山 - 石库门山墙 - 王老九宅

门窗

门窗是建筑立面的重要组成部分，更是古镇风貌最具体、最直接的体现元素之一。新场的门窗既有明清时期传统江南民居门窗的样式，又有清末民初在新文化、新技术影响下出现的彩色玻璃、印花玻璃等样式。既有中式传统的门窗花样，又有西式时髦的窗楣、山花等装饰，中西合璧，极具特色。

◎ 门窗 - 张厅

门

新场传统的沿街商业门基本为排板门，有些大型商铺采用隔扇门；居住门除在宅院的厅、堂、馆、轩处设隔扇门外，其余部位基本为木板门。

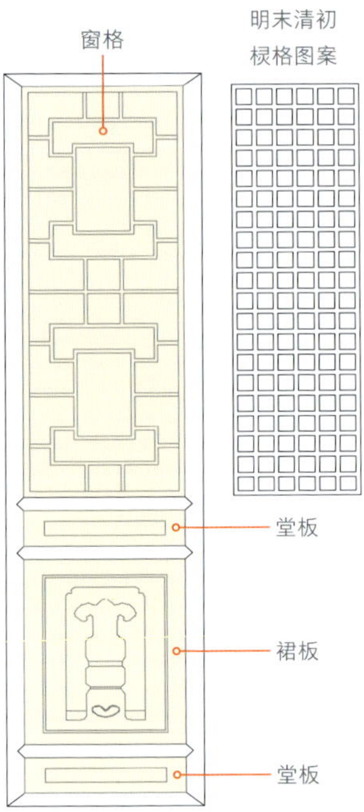

隔扇门示意

隔扇门　又称“长窗”，通常落地，安装在上槛与下槛之间，既有窗的功能也有门的作用，故亦称它为“落地长窗”或“落地门窗”。这种门上部分的窗格通透明亮便于采光，窗格花纹在明末清初时内花纹多为简洁直线条。以方格式为主，有亚字纹、菱形六角式等。隔扇门的夹堂与裙板既有素面板，也有经过精雕细刻的花板。

排板门　在商业用途的房屋中最为常用，是一种由一定数量的木板条组成、可拆卸的活动门。板的上下两头出榫，可以插入上槛和下槛的凹槽内，相邻木条板的侧面也有这样的穿插关系。木板条摆好后，可以从屋内上锁。

木板门　木板门指所有以实体木板拼合、用于划分住户空间和公共空间的住宅外门。也有门上带窗的形式。

隔扇门 - 江倬云宅

隔扇门 - 新和酱园

隔扇门 - 金氏住宅

隔扇门 - 胡氏宅

排板门 - 洪西街

排板门和排板窗 - 洪东街

木板门 - 新场大街

木板门 - 奚家东厅

木板门 - 张沛君宅

窗

新场的窗根据功能不同可以分为半窗、排板窗以及西式窗三种形式，其中半窗最为普遍。

半窗　实际上就是长窗省略中夹堂板（绦环板）[1]以下的部分，只有上夹堂板、内心仔和下夹堂板三个部分。半窗下设置栏杆的就是地坪窗。

排板窗　与排板门相似，主要用于商业一层。由一定数量的木板条组成、可拆卸的活动窗。板的上下两头出榫，可以插入上槛和下槛的凹槽内，相邻木板条的侧面也有这样的穿插关系。

西式窗　是指受近代上海建筑文化影响，采用西式建筑装饰和西式建筑材料的窗。

西式窗 – 王和生宅

[1] 中夹堂板（绦环板）：隔扇门上为隔心，下为裙板，隔扇门的隔心和裙板之间的板，多有雕刻，上下两根抹头分隔隔心、绦环板、裙板。

半窗 – 日照堂

半窗 – 张厅门窗

排板窗 – 新场大街

排板窗 – 洪西街

西式窗 – 程聘成宅

西式窗 – 王正泰宅

西式窗 – 陆仁贤宅

西式窗 – 张沛君宅

西式窗 – 郑少云宅

仪门

仪门即礼仪之门，明清官署、邸宅大门内的第二重正门，是迎送宾客的地方。新场的仪门，一般设在第二进，即在正厅前的院中对着正厅而立。多数宅院仅一座仪门，但也有宅院每进都有仪门，如奚家厅就有三个仪门。仪门上大都有题款，“紫气东来”“福禄绥之”“业精于勤”等祈盼吉祥，彰显主人处世立身的态度。据统计，新场现存大大小小的仪门 69 座，其中高大者数郑生官新宅之仪门，年代最久远的是奚家厅仪门（奚家厅始建于明代），年代最近的为胡氏刻有“兄弟永怡”的仪门（胡桂清宅始建于民国初期）。

新场的仪门也包含了部分受到上海建筑文化影响而出现的石库门门头，这一类型的门头一般设在院落第一进的沿街立面入口处，而装饰和文字均面向内侧。

新场的仪门歇山砖细考究，除文字外，尚有人物造型，立体砖雕栩栩如生。顶部为“元宝”形的歇山灰顶[1]，飞檐翘角，中间为体现家风的砖刻门额，两侧和下面饰有象征喜庆祝福的花鸟人物砖雕，强化了装饰和礼仪作用。

[1] 歇山灰顶，即歇山灰瓦顶。

© 仪门－郑少云宅

仪门－王和生宅

仪门－崇修堂

仪门－信隆典当

仪门－奚家厅第一进

仪门－奚家厅第二进

仪门－奚家厅第三进

仪门－叶氏住宅（洪西街临谢渭盛老宅）

仪门－王氏住宅

仪门－陆氏住宅

仪门 – 王正泰宅

仪门 – 谢氏商铺

仪门 – 朱梦荣宅

仪门 – 嘉乐堂

仪门 – 吴仁勇宅

仪门 – 奚家东厅

石库门仪门 – 张叶弄

垛头

垛头为山墙伸出至建筑正立面外墙或檐柱之外的部分，凸出在两边山墙边檐，用以支撑前后出檐。承担着屋顶排水和边墙挡水的双重作用。

新场古镇的垛头是建筑中非常有特色的装饰构件，是构成古镇民居特色的重要组成部分，并因建筑的建造年代、建筑的功能和其所处的位置不同呈现出千变万化的形态。

依据建造时间可以分为传统样式和现代简化样式。依据垛头的形态，新场的垛头主要分为曲线型、折线型和直线型三种类型。其中曲线型是传统样式；折线型与直线型为现代简化样式。

传统 为线脚层数较多，或具有花纹装饰，且有舒展曲面的垛头。

简化 主要是砖作叠涩为线脚，层数较多。
为线脚层数较少，且无舒展曲面的垛头。

垛头 - 新场大街 312 号

传统垛头 - 新场大街 381 弄

传统垛头 - 新场大街 361 弄

简化垛头 - 江倬云宅

简化垛头 - 王老九宅

简化垛头 - 包桥港附近

简化垛头 - 奚家西厅

装饰与纹样

装饰是新场古镇风貌重要的特征要素，是判定遗产价值不可或缺的部分。新场的装饰极为丰富，木雕、石雕、砖细、瓦饰以及湿壁画、马赛克装饰等应有尽有，中式、西式纹样交相辉映，雕刻纹样栩栩如生，共同构成别具一格的新场古镇。另外，除精美的图案装饰外，新场还遗存一些文字遗迹，让我们可以更加深入地理解新场的历史与文化。

装饰部位

在新场古镇丰富的装饰与纹样一般会出现在以下部位：

木结构　出现在轩梁、梁、柱、枋、椽、檩条、牌科、替木位置的木雕。

立面　木枋板，立面木垂花、木栏杆的木雕。

山墙　山墙垛头的砖细。

屋面　屋脊、檐口滴水的瓦饰。

门窗　木门窗棂格装饰、拱券门窗的砖细。

仪门　在仪门歇山灰顶处、门额的位置会有砖雕，飞檐起翘的灰塑。

垛头　垛头的砖细。

地面　马赛克地面、老式瓷砖地面。

中式纹样图必有意，意必吉祥。王树村在《中国民间美术史》中写道："举凡人间求福祈寿，预卜夫妻百年好合、生子主贵、考试中取、升官晋级、经商发财、金玉满堂、五福临门……人间福善吉祥之事，可谓一应俱全。"中式纹样装饰题材与内容主要有植物类、动物类、人物故事类、生活题材类、佛道题材类、忠孝节义题材类、林园山水类以及装饰纹样类等，用在建筑不同的位置进行装饰。

王正泰宅

另外，传统建筑装饰是社会地位的外在体现。如富庶的商贾就在民居装饰上极尽精美奢华，装饰题材内容丰富，装饰技法细腻繁复。与商贾民居相比，官宦民居的建筑装饰风格追求恢宏的官家气氛，装饰手法上又体现出素朴的审美态度。而普通民居装饰风格纤丽精巧，节约经济，装饰手法因材施艺，量财而为。西式纹样图多几何造型，多植物纹样，几何造型如各种柱式、拱形门窗、多层线脚、三角山花，以及规则几何式图案拼装等；植物纹样多以叶蔓、莨苕为主，柔美、回旋、变换或重复性延伸。

中式装饰与纹样类型

木雕　是新场古镇出现最多的一种装饰形式，制作精美。分布在建筑的各个木构件上，如柱、梁、轩梁、牌科、枋板、垂花、木栏杆、门窗等处，雕刻十分细腻，是不可多得的物质文化遗产。

木雕 – 中华楼

砖细　属于瓦作，是将烧筑好的砖，进行锯、抛、磨等加工后，用来作为墙面或门头等部位的装饰。

砖细 – 奚家厅仪门

湿壁画　主要出现在垛头或内院墙处，灶花[1]已不多见。

湿壁画 – 江倬云宅

[1] 灶花：灶头刚砌好，泥灰湿润未干时，在民居厨房的灶山（护烟囱和灶面的短墙）上绘制湿壁画，内容有人物、山水、花卉、动物和图案。这一做法在上海乃至江南各地流行。

木雕 – 陆氏住宅

砖细 – 胡氏住宅仪门

砖细 – 郑少云宅仪门

湿壁画 – 叶氏花行

湿壁画 – 日照堂

西式装饰与纹样做法

石灰砂浆浅浮雕 大部分西式的装饰纹样都是采用石灰砂浆浅浮雕的做法。

西氏石灰麻刀 – 奚家东厅

彩色玻璃 新场仍然保留了近代时期留下来的彩色玻璃。

彩色玻璃 – 王和生宅

马赛克彩色地砖地面装饰 马赛克装饰多为欧洲进口原料，出现在受西方文化影响的建筑地面拼装。彩色地砖出现在受上海石库门影响的建筑中。

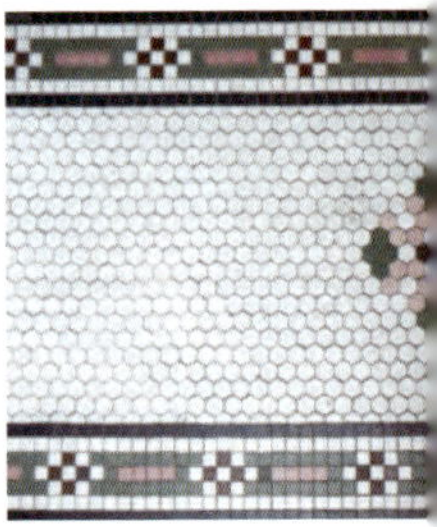
马赛克 – 张厅

石膏线脚 多出现在建筑室内顶棚天花处。

石膏线脚 – 张小乙宅一层大厅

石灰麻刀 – 包桥街 56 号

石灰麻刀 – 奚家东厅

彩色玻璃 – 张氏宅第

彩色玻璃 – 张小乙宅

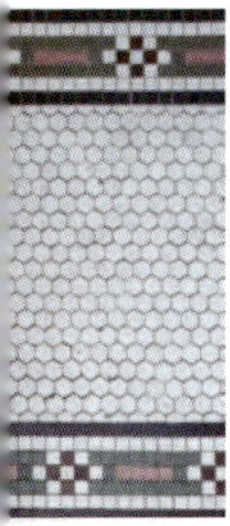

马赛克 – 朱梦荣宅

马赛克 – 第一楼

石膏线脚 – 张小乙宅二层大厅

石膏线脚 – 张小乙宅二层大厅

文字

除精美的图案装饰外，新场还遗存了一些文字遗迹，让我们可以更加深入地理解新场的历史与文化。

仪门题款　文字遗迹主要出现在仪门的题款上，“紫气东来”“兄弟永怡”“福禄绥之”“业精于勤”等祈福，或彰显主人处世立身的态度。

张厅仪门门扇上有朱漆墨文浅雕八字：“京洛传钩，曲江养鸽”，借唐代诗人张九龄酷爱养鸽与《搜神记》张氏鸠飞入怀，得一金钩之说，指门内住着的是张姓人家。

谢渭盛老宅转角处石柱　刻有“本店创自康熙壬寅年”，看到这个字样，即能看到当年热气腾腾、食客盈门、香味外溢的景象。

革命标语　新场还遗存了一些 1949 年后至“文革”时期的标语，也是一个时代烙印的标记。

仪门题款－张厅仪门

仪门题款－胡氏住宅

仪门题款－谢渭盛老宅

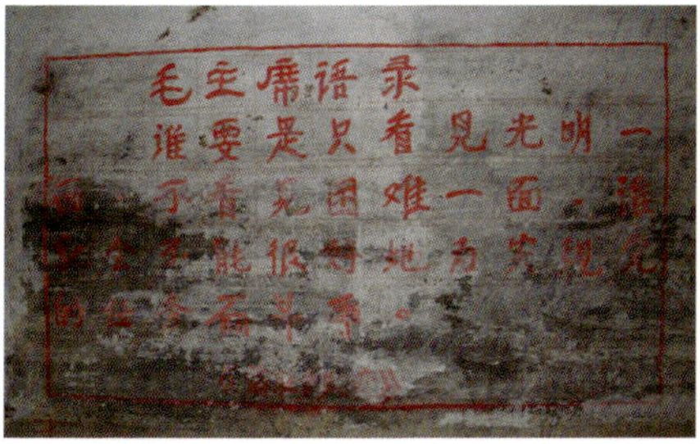

标语－王正泰新宅

标语－黄振如宅

石柱－谢渭盛老宅

材料工艺与色彩

新场古镇地处吴越沿海的上海浦东地区，其传统建筑受香山帮和上海的西式营造技术的影响较多。建筑主体多为硬山或悬山的砖木结构，用抬梁和穿斗的构架承受屋面和楼面的重量，以空斗墙或实砖墙来维护及分割空间。清水砖墙、水刷石、彩色地砖、室内花饰线脚等做法则是近代受到上海建筑文化影响的结果。

传统营造

木工 新场木工分为“大木”和“小木”。大木从事房屋梁架建造，立柱上梁、架檩、铺椽、飞檐等，形成建筑的骨架。新场小木作，主要体现在门窗、挂落和木雕上。

瓦工 旧时亦称为“水作”,分“泥水”和“砖细”。泥水主要是从事房屋的主体建造维护，主要指砌墙、上瓦、抹灰、打桩、铺石条、铺望砖、做檐口、筑屋脊、封砌墙工程和屋面工程。砖细是把砖块当木头加工，做磨砖、对缝等细活。

泥水 **砌墙** 筑墙的青砖用灰砂黏合，砌筑好的外层常用纸筋灰和料水抹面。传统的砌法主要有实滚和空斗两种。实滚砌以砖扁砌，或以砖之丁头侧砌，一般用于勒脚等房屋坚固部位。空斗砌以砖纵横相置，砌成斗形中空，造价较省，同时隔声隔热，一般用于墙体的上半部分或者不负重的隔墙。典型的做法就是在同一面院墙下部用实滚，上部用空斗砌，以减轻自重、节约用料。新场青砖大小规格为 175 毫米 × 80 毫米 × 30 毫米。

新场墙身垛头的造型复杂，常用纸筋灰堆塑，先向平面上堆纸筋灰，“在堆塑前首先要做好骨架并把根部用铁钉连接做好，然后堆塑成所需的图案”[1]。新场垛头装饰造型多为吉祥云、喜鹊等，简单的则用砖叠涩。

[1] 周骏．古建筑瓦工 [M]. 北京：中国建筑工业出版社，2016.

木结构 – 日照堂

墙面 – 叶氏花行

屋面 屋面构造是在桁椽等结构构件上铺瓦筑脊，前者属木工，后者则属水作。

铺砖：新场较多直接在椽子之上铺细清水望砖。轩廊曲面需要望砖打磨尺寸和弧度，使望砖铺得不差毫厘。

铺瓦：新场现存民居屋面主要用小青瓦（板瓦）屋面。瓦之仰置相叠连接成沟者，称底瓦；复于两底瓦上者称盖瓦。

筑脊：屋面于合角处筑攀脊，高出盖瓦二三寸，于其上筑正脊。新场民居正脊一般有“哺鸡脊”和“游脊”两种形式。

哺鸡脊上的哺鸡造型主要是以纸筋灰堆塑成形。其主体结构是在做平的攀脊上用青砖及灰浆砌花滚，再上铺望砖，将两侧哺鸡座略抬高，哺鸡座上用青砖砌筑，哺鸡背上设置铁件造型。在以上的主体构架砌筑完成后，做屋脊粉刷，最后用纸筋灰浆等细雕哺鸡细节。

游脊一般用于普通民宅屋面，装饰也较简单，仅在屋脊正中用瓦砌成元宝、花朵造型。

砖细 新场的砖细[1]工程中的重点是仪门营造。仪门上的雕刻起线[2]的装饰较为复杂华丽。装饰主要用砖细雕刻，制作文字、线脚、花鸟鱼虫、人物、山水，组合不一。一般装饰的中心是大镶边中间的四字砖雕，四字两边安上两个宝瓶，示意出入平安。上部屋面的形式，硬山者与三飞砖式相同，发戗者多为歇山式，发戗之制，与木骨发戗角类似，但是由于砖料仿木，挑檐较少。

漆工 漆工分油漆和彩画。油漆主要从事建筑外立面及内部装潢的涂漆工作，常用在外露的木结构上，如柱、梁、枋、檩、门、窗等部位。

传统油漆操作过程一般如下：

(1) **清理物面、撕缝嵌补** 将木材表面去灰，并砂皮整理干净，保持干燥，修补裂缝节疤。

(2) **刷底漆（抄漆面）** 用漆刷蘸熟漆涂刷。

砖细－程远夫宅

❶ 砖细：将方砖经过刨、锯、磨等精工细作后，用作墙面、门口、勒脚等处的装饰。

❷ 刻起线：雕刻纹饰的轮廓。

(3) **填光**　表面砂布打磨清理干净后，用漆刷蘸广漆[3]涂刷。

(4) **上面漆**　最后横刷一次，斜刷一次，再顺着木纹竖刷一次，涂刷厚薄均匀。

新场少见彩画。室内色彩装饰特色在于土灶头上的灶花，是湿壁画的做法。传统建灶，新场风俗要献美于灶君老爷，一般画上花鸟，如牡丹、凤仙、鸳鸯等，或写上福、禄、寿等泥工自创的“灶花体”。但目前保存下来的极少。

屋面－奚家厅

哺鸡脊－黄振如宅

漆工－郑少云宅

❸ 广漆：由熟漆或生漆和熟桐油调制而成的天然漆，呈棕黑色。

西式营造

新场地区在民国时期与上海特别市的交流则带来了很多西式建筑的装饰和做法。最常见的形式主要包括清水砖墙、水刷石、彩色地砖、室内花饰等。

清水砖墙做法 主要包括红砖清水墙和青砖清水墙。砖材为黏土砖，砌筑方式多采用丁顺或英式砌法，面缝为平凹缝或元宝缝。

水刷石墙面做法 水刷石是通过在水泥中添加不同粒径、不同成分、不同颜色的石子后，抹在建筑物表面，半凝固后，用硬毛刷蘸水刷去表面的水泥浆，凸出石子，使墙面具有天然石材质感。水刷石装饰做法多见于装饰部位，也叫汰石子。

室内地面做法 室内地面有马赛克或彩色地砖做法，铺贴工艺流程如下：处理基层—弹线—瓷砖浸水湿润—摊铺水泥砂浆—安装标准块—铺贴地面砖—勾缝—清洁—养护。

室内石膏线角做法 室内花饰多为线脚，用于凹凸花线，如顶棚四周、灯圈、门头线、午台线等。材料一般采用石膏或纸筋灰制作，多采用现场制作方式。

清水砖 – 王合生宅

水刷石 – 张厅

石膏线角 – 奚家东厅

室内地面 – 第一楼

室内地面 – 张厅

石膏线角 – 张小乙宅

◎ 色彩取样照片

白墙[1]

1321 7.5GY9/1	1276 N9	1315 2.5Y9/1	1331 5.6GY9/1

砖墙

1706 N5.75	1701 N8.25	1263 N4.5	1262 5PB3.5/1

木材

1061 10YR3.5/1.8	0164 7.5YR3.5/1.8	0054 2.5Y3/1.8	1063 5.6YR3/1.4

瓦

1715 N3.25	1716 N2.75	1031 8.8Y3/1.2	1261 N2.5

石材

1296 5.6R8.5/1	0976 0.6GY6/1.2	1344 1.9GY8/1	1272 N7

❶ 采用《建筑颜色的表示方法》(GB/T 18922—2008) 中国建筑色卡 CBCC 标注。

典型历史建筑实录

张厅

奚家厅

叶氏花行

第一楼

李锦伯宅

张沛君宅

张小乙宅

王和生宅

张厅

张厅建于清宣统年间（1909—1911），由张宇道父辈兴建，属张信昌宅第。位于新场大街中段西侧，新港东。建筑坐西朝东，为四进院落式建筑，现有房 48 间。

张信昌曾为新场首富，人丁兴旺，其后代今多在国外。由于此宅建设时已处晚清时期，加之家室背景，处处显现出中西合璧的建筑特色。

张宇道是张信昌绸布店的第二代传人。革命战争年代，张信昌绸布店是中国共产党的地下交通联络点。

古镇保护专家阮仪三教授认为，张厅是浦东仅存的几处中西合璧风貌建筑中最好的一座，其风貌极具研究价值。

· 建筑面积约 1115.3 平方米
· 占地面积约 865 平方米

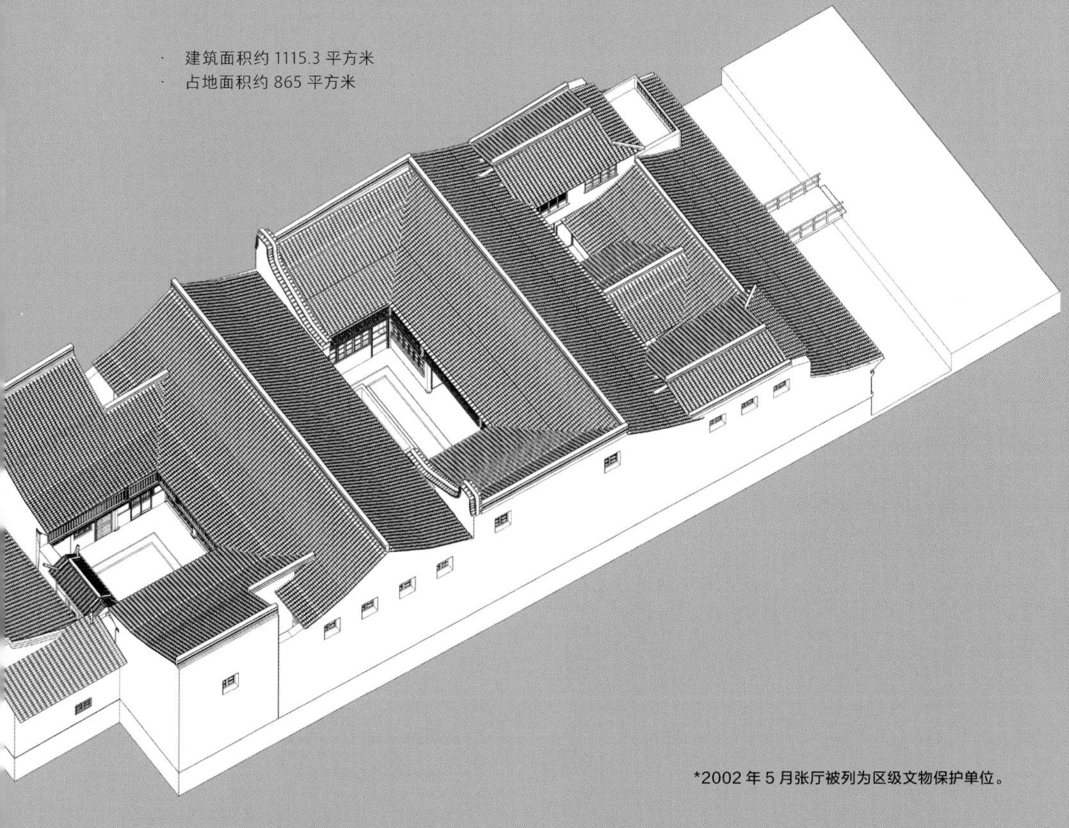

*2002 年 5 月张厅被列为区级文物保护单位。

第二进院落

院落格局

张厅的院落格局为新场官贾大宅的典型代表。沿后市河与新场大街之间的院落空间，形成跨河花园型的特殊格局：街道—宅院—河道码头—桥梁—私家花园。宅基地长 16.4 米，宽 44.7 米，四进院落。

第一进院落 入内为仪门，将厅堂与店面分开。沿街曾为张信昌绸布店，原为五开间，现仅存南面三间

第二进院落 由厅堂和东西厢房围合而成，仪门内是条石铺砌的天井庭心，厅堂为两层三开间的楼房，每层皆由前厅和左右耳房组成，南北两侧为两开间厢房楼，通过楼上回廊同正屋连为一体

第三进院落 由面阔五开间的居室和通过南北两侧两开间的二层厢房与厅堂四面回廊相连，形成天井

第四进院落 以后勤功能为主，厨房和后厅为五开间、灰瓦坡屋顶的平房，两侧为歇山顶的两层厢房楼。明间为过道，通过木桥跨过后市河，与新港对岸的花园相连，并设马鞍水桥以便乘船出行，现木桥已改为混凝土石桥。花园 1949 年后破落，今已无存

木结构

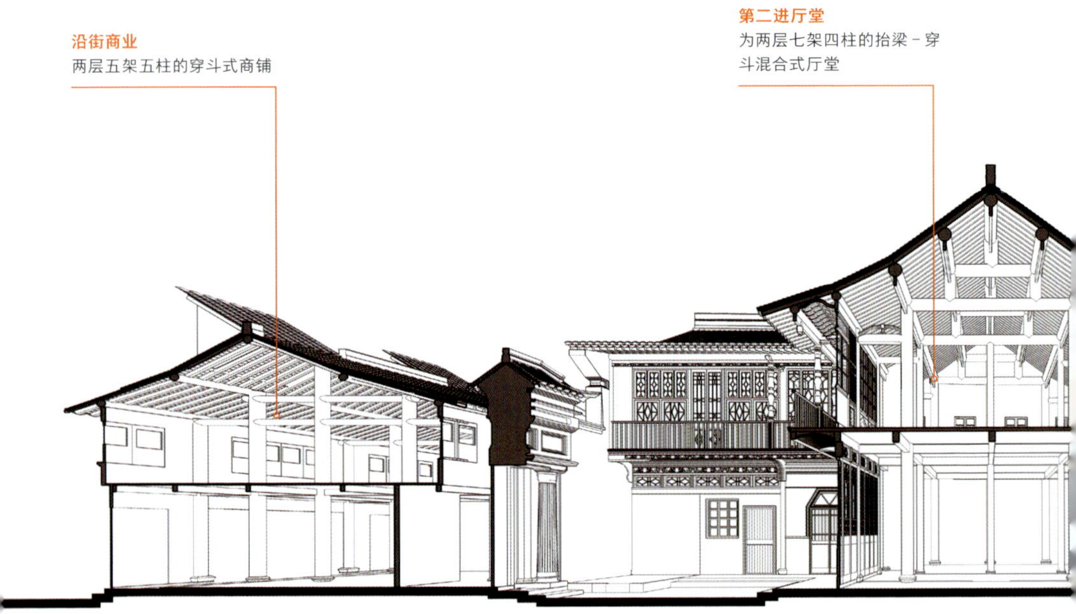

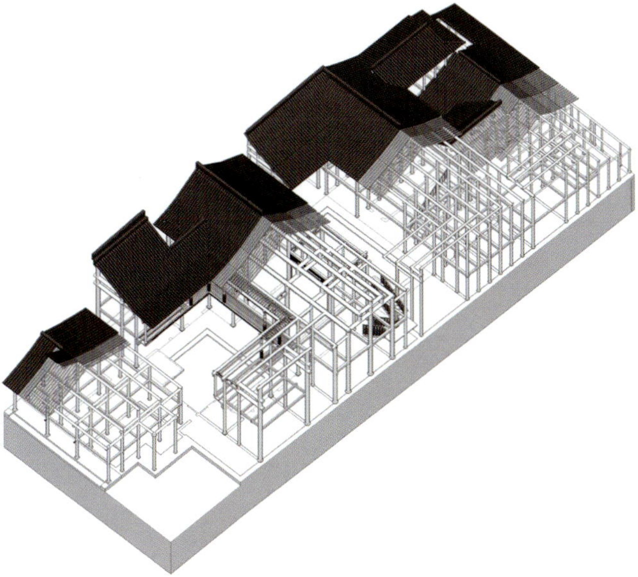

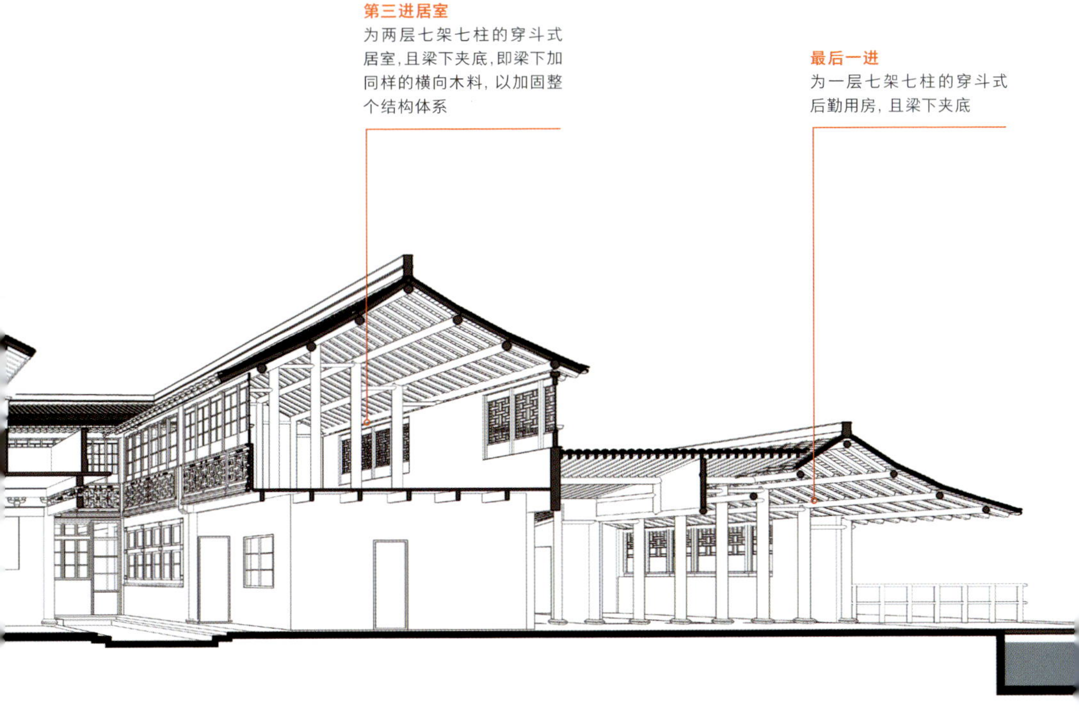
第三进居室
为两层七架七柱的穿斗式居室，且梁下夹底，即梁下加同样的横向木料，以加固整个结构体系
最后一进
为一层七架七柱的穿斗式后勤用房，且梁下夹底

屋面

前两进的厢房为单坡屋面。正厅屋面均为双坡屋面。最后一进的厢房一侧出现新场并不常见的歇山屋面形式。

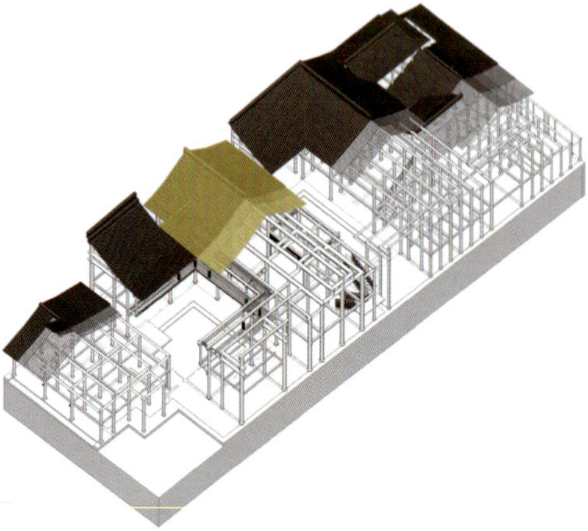

张厅的屋面坡度与新场大部分屋面坡度一致，其步架界深（J）基本在0.8～1.3米之间；提栈最低为0.31米，最高为0.68米。屋面总坡度一般在（1：1.5）～（1：2）之间。出檐宽度一般为0.7～1.3米。

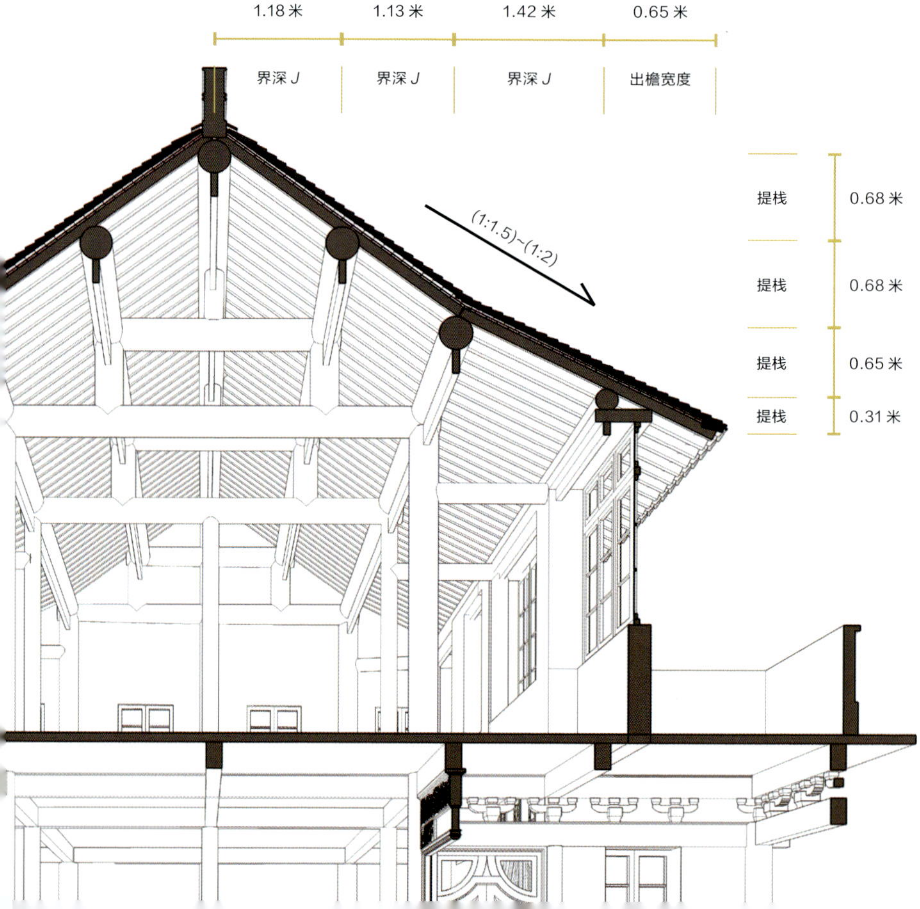

立面

沿街立面原为张信昌绸布店，五开间。

南面三间为二层楼房作为布店，楼房坡屋顶上有两处天窗，利于店内光照和通风；北侧两间为一层坡屋顶平房，疑为进出宅第的通道，已于1985年拆除。现仅存南面三间，面阔10.2米，檐口高4.8米，一层高3.0米。沿街二层出挑0.3米，直线挑檐，立面为全窗型住宅立面，且窗下线脚贯穿整个开间。沿街墙面材料主要为木材。

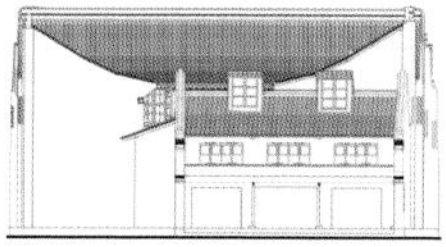

沿街一层均为全门型，但南北两次间已改为铝合金卷帘，明间现为进出宅第的入口。

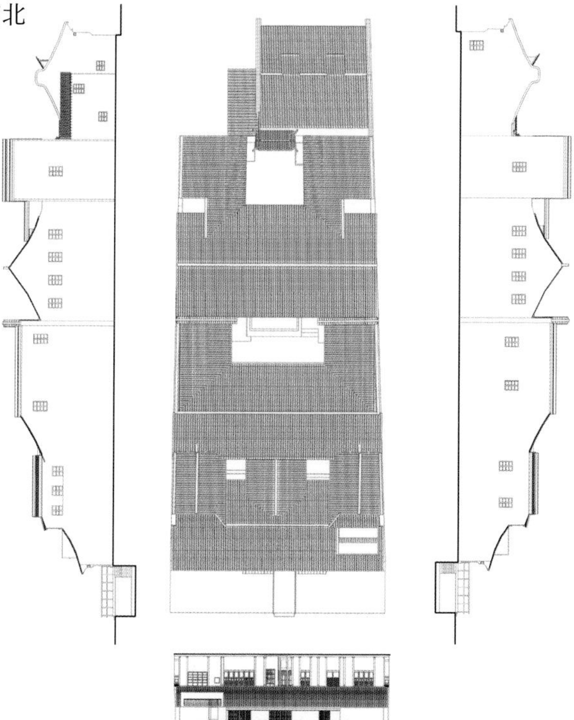

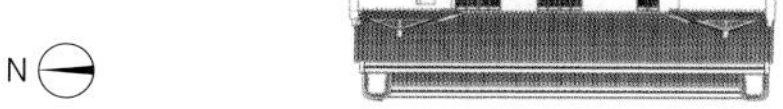

正厅一层门窗

门窗

第二进一层长窗通长落地，安于中槛之下，向外开启。长窗心仔[1]的花纹为几何形状，长窗的夹堂与裙板为素面板。长窗内部雕刻精细。

正厅西墙半窗

正厅一层长窗

第二进过廊木门

❶ 长窗心仔：在木窗中用木条做成各种不同形式花纹图案的部分称为"心仔"。

© 正厅一层门

二层厢房窗户为上下两层。上层窗户较为简洁，下层窗户装饰较为精美，几何的图案，镶嵌各种颜色的彩色玻璃。

第一进二层门窗展开图

二层南厢房（镜像北厢房）

第三进院落二层立面门窗

仪门

张厅的仪门门楼和大门是传统中式的，门柱是欧式的，主体建筑采用中西结合的装饰风格。仪门屋脊为歇山灰瓦顶，额枋处有立体砖雕装饰——文字、人物造型的雕刻（“文革”中用纸筋石灰封没），两根立柱仿西洋多立克柱式风格。仪门门扇上有朱漆墨文浅雕八字：“京洛传钩，曲江养鸽”。“京洛传钩”乃据《搜神记》，有张氏鸠飞入怀，得一金钩，自此子孙渐富之说；“曲江养鸽”是指唐代诗人张九龄（韶州曲江人，人称“张曲江”）酷爱养鸽。这仪门上的文字，应是借用张氏典故，意指门内住着的是张姓人家。

中式

屋顶
屋顶为歇山顶，铺设蝴蝶瓦，末端有滴水瓦。屋脊为甘蔗脊

上枋
一般会有人物雕刻或者花草树木、虫鱼鸟兽的泥塑，寓意美好

兜肚
通常会有立体的风景人物等砖雕装饰

字碑
此处一般会有题字或者吉祥额批，表达主人的人生志向及处世态度

下枋
一般会有人物雕刻或者花草树木、虫鱼鸟兽的泥塑，寓意美好

门联
仪门门扇上有朱漆墨文浅雕八字：“京洛传钩，曲江养鸽”。门联表达张家祖上曾是名门之后，家世显赫，辗转江南之意

西式

西式柱式
仿西式柱式的做法，柱子由石头雕刻而成，表面材料为水刷石。新颖的柱子样式及材料与传统仪门完美地融合在一起

正厅一层门

装饰与纹样

厅堂的地面采用日本进口的马赛克铺地，铺装精美，至今光亮如新，在新场同期的民居中装修规格非同一般。厅堂的顶棚不同于传统的“彻上露明造”，而是加做吊顶四个套方[1]的线脚，在当时是颇为摩登的。

马赛克地面 – 第一进一层正厅

[1] 套方：套四个直角在天花板的四角，测定是否方正。

◎ 第一进一层正厅

厅堂前后以雕刻精美的装饰梁分隔，梁上图案奇巧，上部西式花纹而下部为中国古典纹样。中式纹样以植物和动物为题材，更有“马上封侯（猴）”“喜上眉（梅）梢”等表达美好寓意，也有牌科装饰。

“盛世之花”牡丹，象征着富贵吉祥、繁荣昌盛

“四君子”之兰：优雅空灵，象征着幽芳高洁的情操

马与猴的形象，寄托着“马上封侯”的愿望

牌科间花板作镂空双面雕刻，为牡丹图案

"岁寒三友"之竹：象征着高雅与纯洁

"岁寒三友"之松：四季常青，姿态挺拔，象征着坚强不屈

梁枋间以装饰性牌科联系，一斗三升，无出跴

"岁寒三友"之梅：笑傲严寒，象征着卓尔不群的品格

溪家厅

奚家厅始建于明代，位于洪东街，分为西厅与东厅两部分。奚家逢年过节或家族有重大活动都在西厅里举行聚会。奚家开设“奚长生药店”，自产自销中成药“紫金绽”，其祛风、除热、镇惊厥功效独特，1915 年曾在巴拿马万国博览会上荣获金奖。

· 建筑面积约 900 平方米
· 占地面积约 1300 平方米

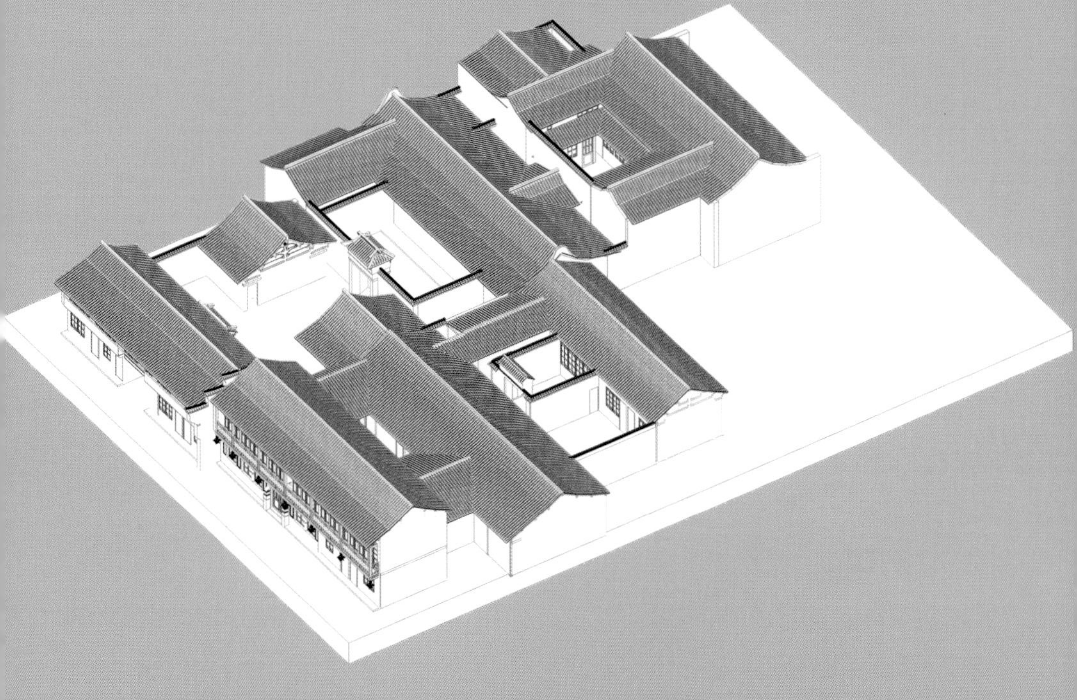

*2010 年 3 月 23 日公布为浦东新区登记不可移动文物。

院落格局

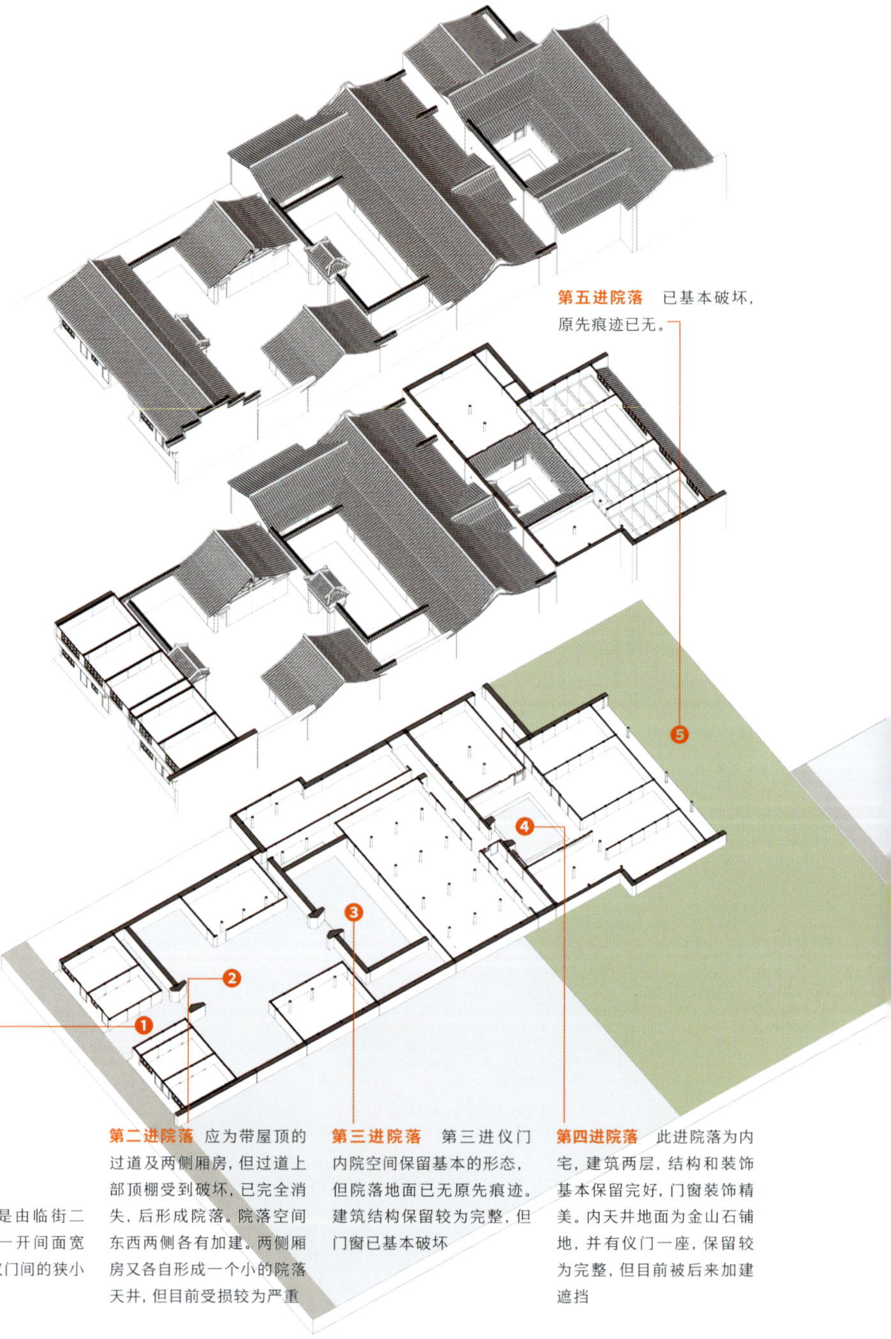

第五进院落 已基本破坏，原先痕迹已无。

第一进院落 是由临街二层建筑在底层一开间面宽的入口过道与仪门间的狭小天井构成

第二进院落 应为带屋顶的过道及两侧厢房，但过道上部顶棚受到破坏，已完全消失，后形成院落。院落空间东西两侧各有加建。两侧厢房又各自形成一个小的院落天井，但目前受损较为严重

第三进院落 第三进仪门内院空间保留基本的形态，但院落地面已无原先痕迹。建筑结构保留较为完整，但门窗已基本破坏

第四进院落 此进院落为内宅，建筑两层，结构和装饰基本保留完好，门窗装饰精美。内天井地面为金山石铺地，并有仪门一座，保留较为完整，但目前被后来加建遮挡

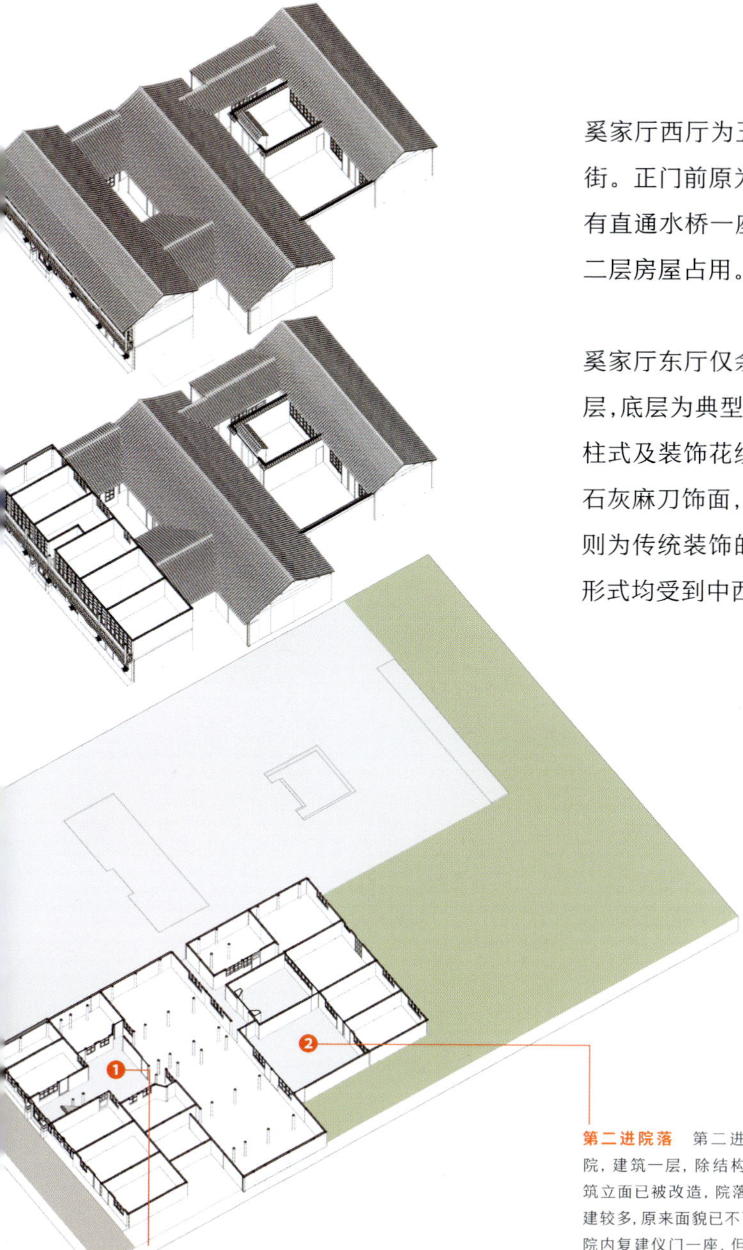

奚家厅西厅为五进五开间格局，南面临街。正门前原为空地，位于东仓桥畔，并有直通水桥一座，但前院场地已被后建二层房屋占用。

奚家厅东厅仅余两进院落，沿街建筑两层，底层为典型西式柱式装饰立面。西式柱式及装饰花纹均以传统砖细制作，以石灰麻刀饰面，目前破损较为严重。二层则为传统装饰的外廊建筑。建筑风格和形式均受到中西建筑风格杂糅的影响。

第二进院落 第二进为后院，建筑一层，除结构外建筑立面已被改造，院落内加建较多，原来面貌已不可见。院内复建仪门一座，但形式与工艺较前略显简单

第一进院落 西式柱式及装饰花纹均以传统砖细制作，以石灰麻刀饰面，目前破损较为严重。二层则为传统装饰的外廊建筑。建筑风格和形态均受到中西建筑文化的影响

木结构

沿街商业

奚家西厅沿街建筑两层，穿斗式结构。沿街枋下花板木雕精美

第二进

第二进院内两侧厢房梁架外露，外露部分尺度较大，是带有装饰的抬梁，但内侧却又是普通的穿斗结构，其木结构也显示出内外有别的特点

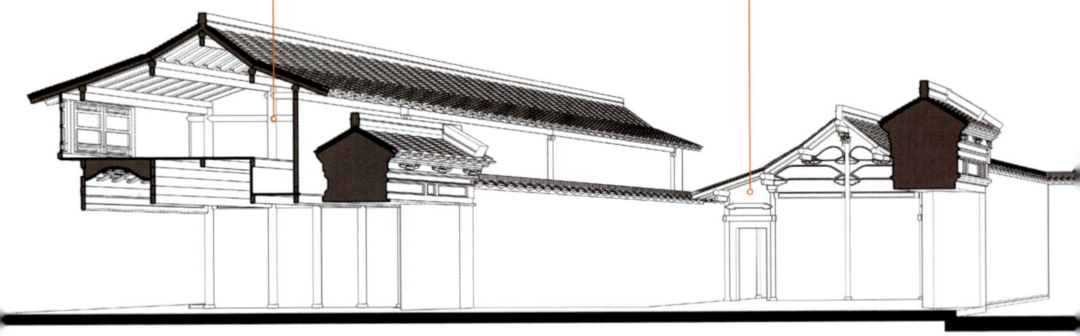

奚家西厅剖面图

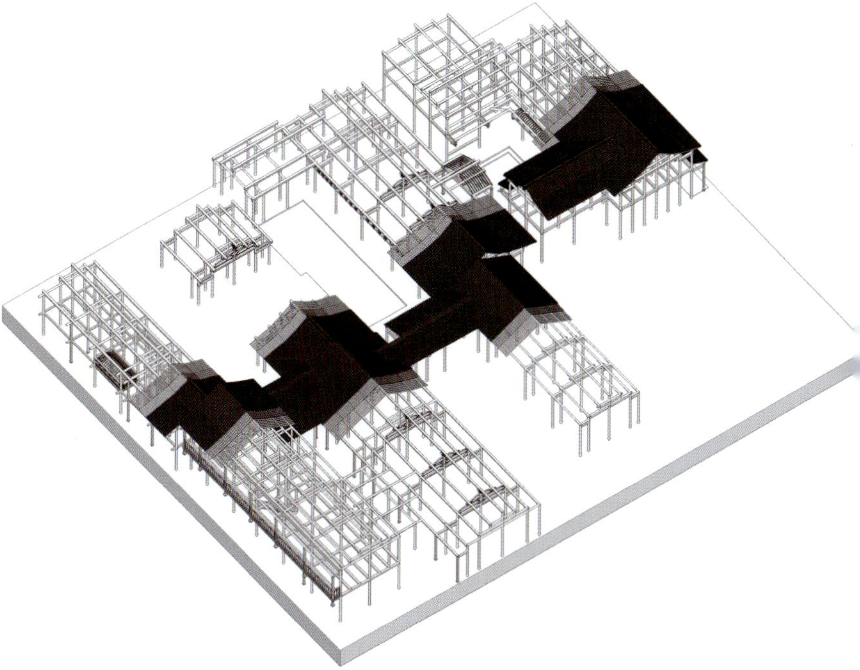

第三进

第三进木结构的抬梁装饰线条简洁流畅，与新场其他历史建筑中繁杂丰富的装饰纹样不同，显示出明显的明代遗风

最后一进

最后一进沿街建筑两层，结构为普通的穿斗式

沿街立面

奚家厅东厅沿街立面为两层五开间，底层为白色墙面，由中间开间上至二层，二层为木板饰面间。两侧山墙形式有别，西侧山墙为悬山，东侧为马头墙形式。东厅沿街立面两层，少见的偶数开间——六开间。二层为出挑的外廊建筑，为新场地区少见。一层立面自西侧四开间完全为西式风格，另两开间为传统风格。西式立面外凸出中式立面约一砖厚（55毫米），应为近代加建。

一层与二层之间有西式线脚，沿传统木结构的轮廓勾边，中西建筑语言交接自然
二层为传统民居少见的临街外廊式，外廊出挑的立柱下带有垂花柱，木雕装饰精美。梁枋处花板，植物花纹木质浅浮雕保留完好
入口两侧为半墙高的西式线脚装饰的柱式，其位置和高度类似传统建筑入口处的门枕石

奚家厅东厅沿街立面

仪门

西厅设有三座仪门。

东厅的仪门位于内院，原先已损毁，后根据历史样式进行复建，但做工较为粗糙。

❶ 第一进仪门为独立式，内外两侧均有装饰和文字，但损坏较为严重，并有加建建筑破坏其结构和形式。

❷ 第二进仪门为独立式结构尚好，但装饰及文字已无存

❸ 第三进仪门为贴墙式，尺度最大，保存较好，但文字与装饰已无存，并且为院内加建连廊遮挡。

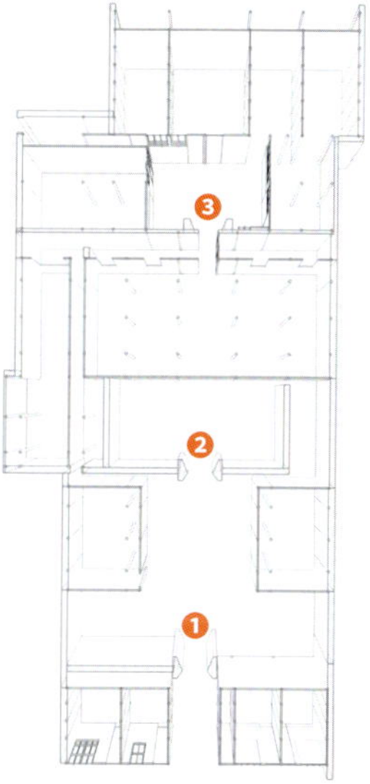

西厅中仪门的位置

装饰与纹样

奚家厅的装饰以西厅入口处的木质花板最具特色。花板位于首层中间开间梁枋下。花板共分为四层。

第一层花板，为一斗三升的装饰牌科，共六朵。牌科之间的垫栱板木雕有荷花和宝瓶的纹样，外伸的昂已基本破损

第二层花板，为狮子绣球主题，其中绣球为镂空木雕，做工难度极大

◎ 装饰花板

第三层花板为福禄寿喜寓意，雕刻有牡丹、财神、仙鹤、喜鹊等吉祥纹样

第四层花板，为人物形象，中间是朝廷百官，左右两侧分别为文武人物

叶氏花行

位于洪西街 120 号，为叶瑞生祖上所建，建于清光绪年间，曾开过花行（棉花）。三进院落，坐北朝南，皆砖木结构，硬山灰瓦顶。

· 占地面积约 730 平方米
· 建筑面积约 430 平方米

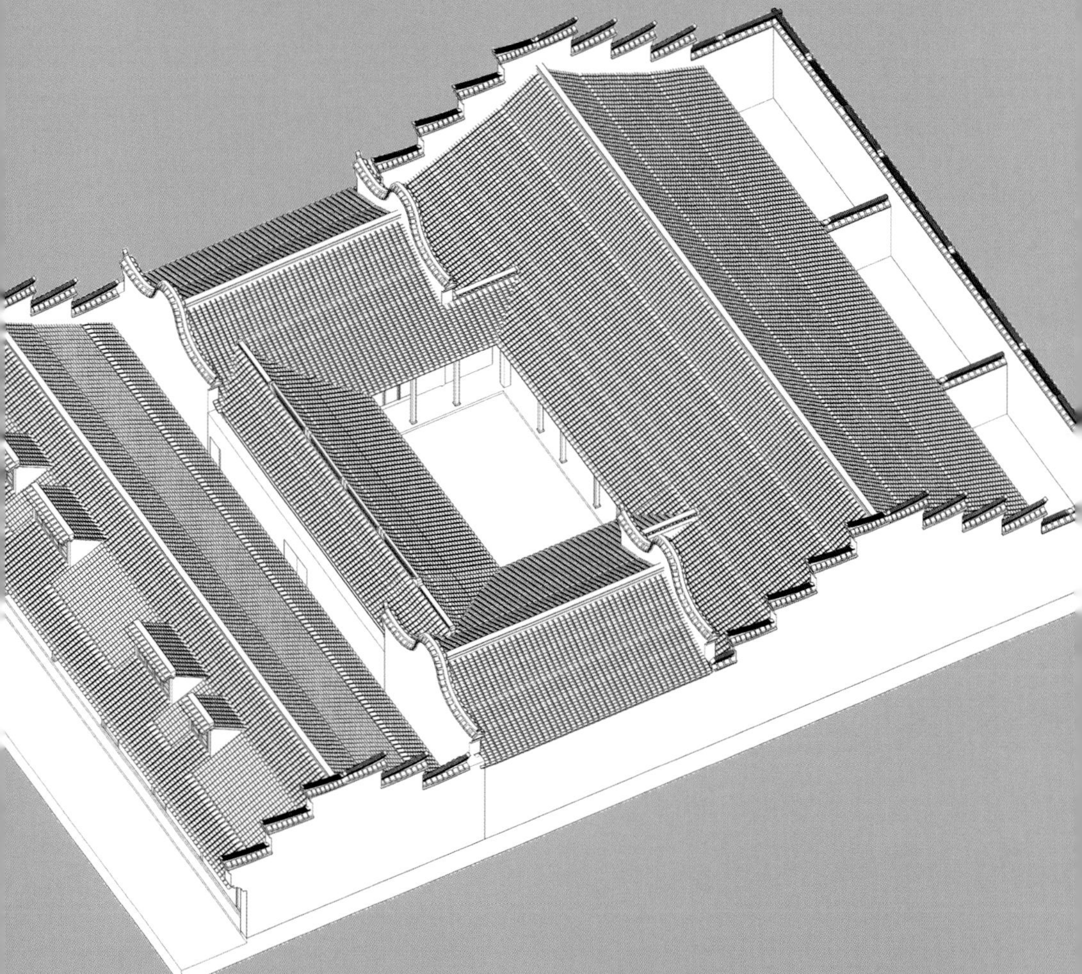

*2010 年 3 月 23 日公布为浦东新区登记不可移动文物。

院落格局

叶氏花行为三进七开间格局。

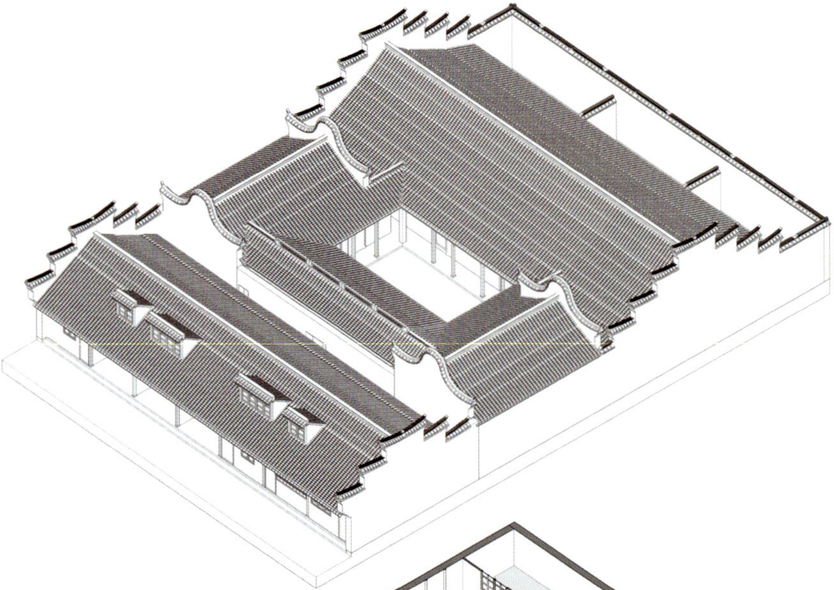

第一进院落 由临街一层建筑一开间面宽的入口过道与仪门间的狭小天井构成

第二进院落 为正厅院落，两侧为厢房

第三进院落 为后院，内有古树两株—瓜子黄杨和桂花树，均有130年树龄。院墙上有蓝色湿壁画装饰遗迹，为新场现存仅见

入口过道

临街一层

第二进正厅院落

过道

第三进后院

后院古树

木结构

穿斗 - 抬梁混合式，正房梁枋上木雕装饰精美，保留较好。

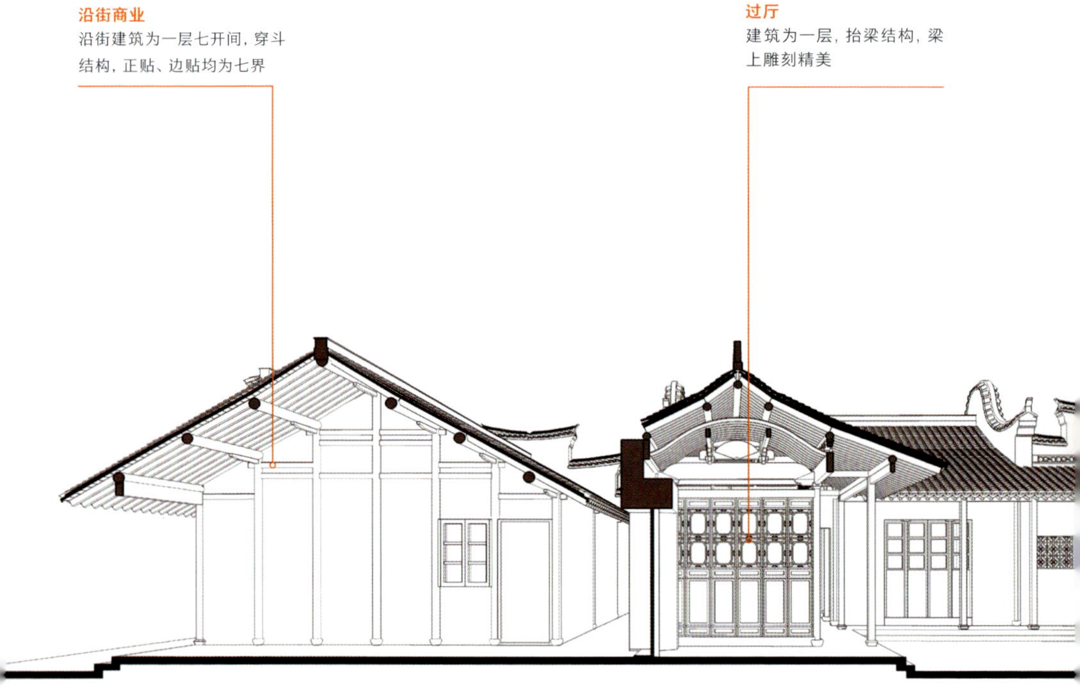

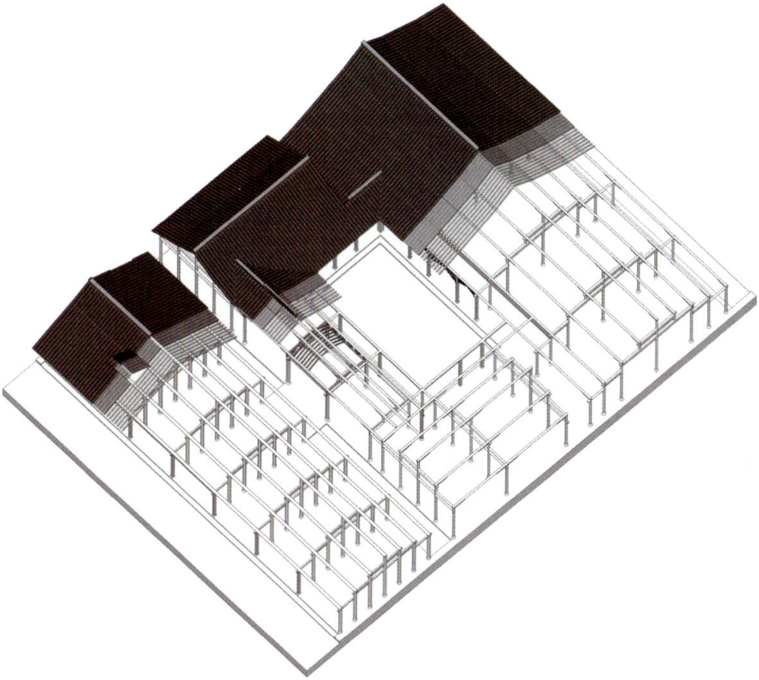

厅堂

建筑为一层，穿斗－抬梁混合结构

山墙

叶氏花行的山墙是典型的马头墙与观音兜混合形式，这在新场的民居中是一种较为普遍的山墙组合形式。

第二进正厅建筑的山墙为五屏鹊尾式马头墙，为新场仅见。马头墙屋脊以砖逐渐垫高，形成起翘之势；最上一层起翘最高，整个屋脊呈凹曲线形。

屋脊为斜立脊瓦，尾飞子以简易的瓦片代替。博风处石灰麻刀纹样破坏较为严重。垛头处以墙内伸出木梁出挑，垛头线脚复杂。正厅的马头墙与厢房的观音兜相映成趣，观音兜线形曲度较大，做法与马头墙一致。厢房的屋脊为新场常见的哺鸡脊，保留较为完整。

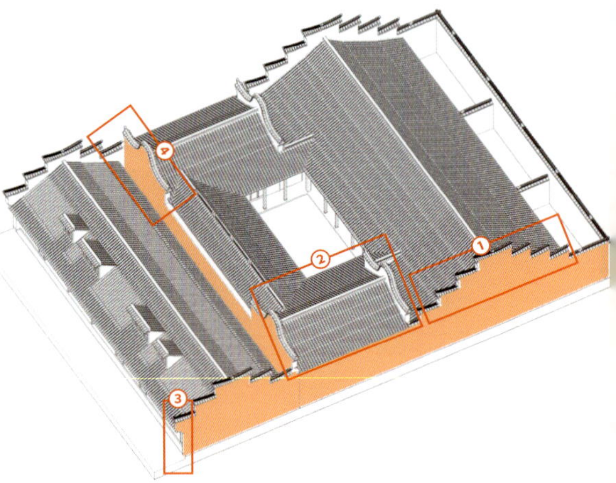

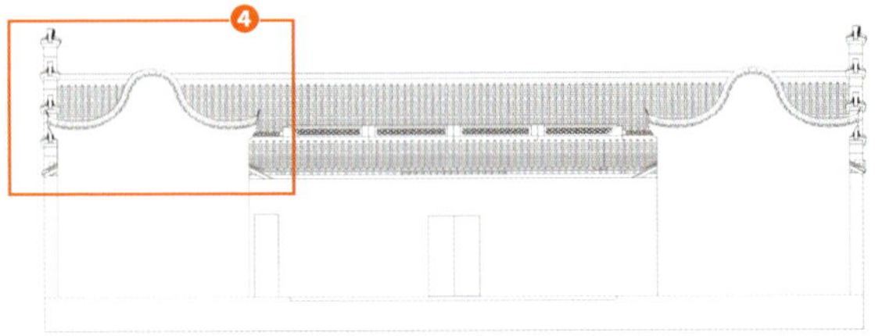

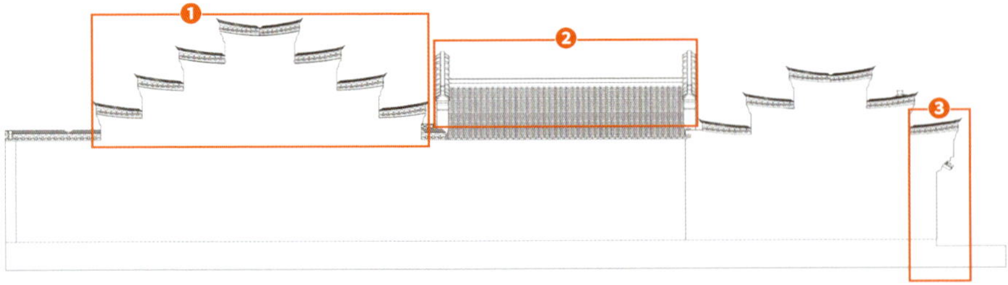

❶ 五屏鹊尾式马头墙 - 第二进正厅山墙

❷ 哺鸡脊 - 厢房屋脊

❸ 垛头

门窗

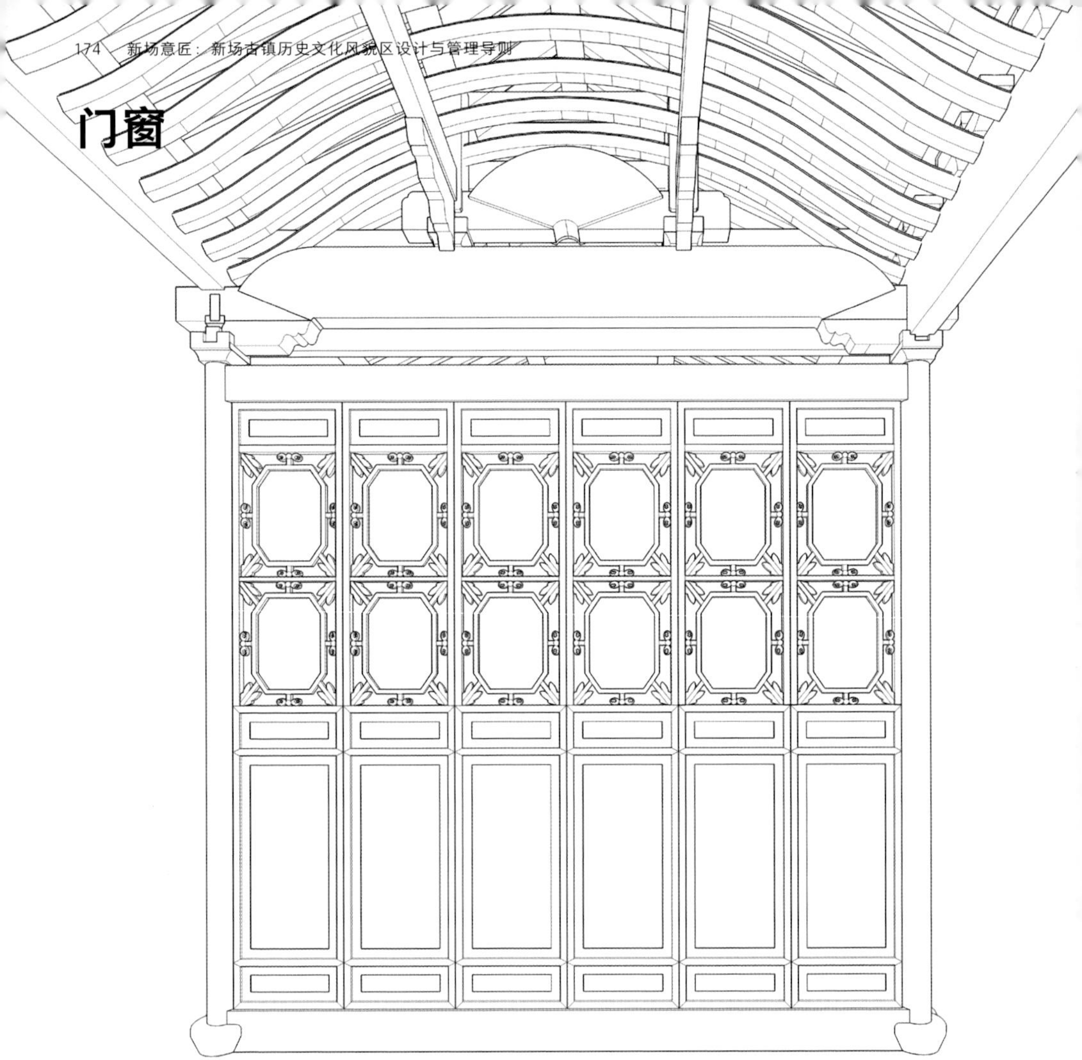

叶氏花行第二进厢房部分的格栅门保留较为完好，为八角形软条插脚嵌玻璃，部分玻璃仍然保留完好。四周有蝙蝠形和植物装饰。

隔扇门窗，门楣有精细雕饰，葵式万川挂落。窗有花结嵌玻璃木长窗。

○ 格栅门－第二进厢房

装饰与纹样

叶氏花行第二进卷棚下，木结构抬梁装饰丰富，保存完好，均以人物故事为主题。

正房檐柱下有葵式万川挂落装饰,保存完好。

后院围墙上保留有湿壁画残迹，沿墙顶端绘制。沿街东侧山墙垛头处湿壁画仍清晰可见。

卷棚 - 第二进

湿壁画残迹 - 后院墙檐下

葵式万川挂落 - 正房檐柱下

湿壁画 - 沿街立面垛头

第一楼

第一楼于清同治末年由周肃清建。位于新场镇洪桥港畔，临南北大街。1911 年，周肃清妻吴秀妯将其翻建为三层楼房。20 世纪 30 年代初开设书场，系南汇地区最早。说书者多系民间艺人，演出曲种有锣鼓书（太保书）、钹子书、滩簧、评弹、什锦书等，居民喜闻乐见，在当地乃至江浙沪地区影响颇大，人称“第一楼”。

20 世纪 60 年代初，上海人民评弹团著名演员华士亭、郭炳卿等曾到第一楼书场演出，空前卖座。“文革”期间书场停办。1979 年改革开放后，第一楼书场恢复演出至今。整栋建筑外观为三层的临河骑楼式建筑，全木结构。

- 三层临河骑楼式建筑
- 全木结构
- 建筑面积 650 平方米
- 占地面积 260 平方米

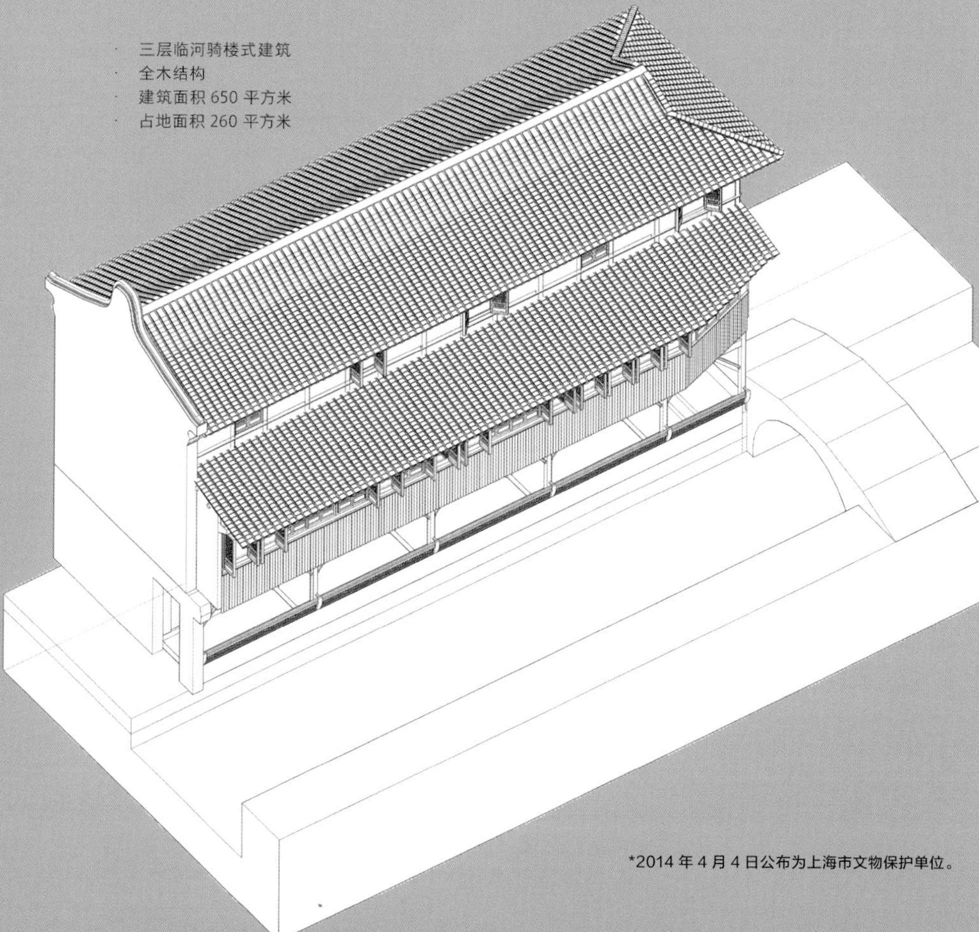

*2014 年 4 月 4 日公布为上海市文物保护单位。

木结构

第一楼的木结构为三层，是传统木结构与现代木结构形式的结合。边贴处为传统穿斗式，正贴部分为现代梁柱，正贴屋架为现代三角形木桁架。二层木结构梁柱交接处带有木斜撑，以支撑梁之承重，但目前考虑到空间使用，木斜撑并未支撑于梁上，而是支撑在楼板格栅上，并未起到有效的支撑作用。支撑构件之间有龙凤纹样的装饰花板，应为后期复刻。楼板格栅并未与梁上缘平齐，而是支于梁之上，使层高更高，空间更为开敞。底层北侧沿河部分墙体收进约 1.7 米，形成沿河的廊道空间。

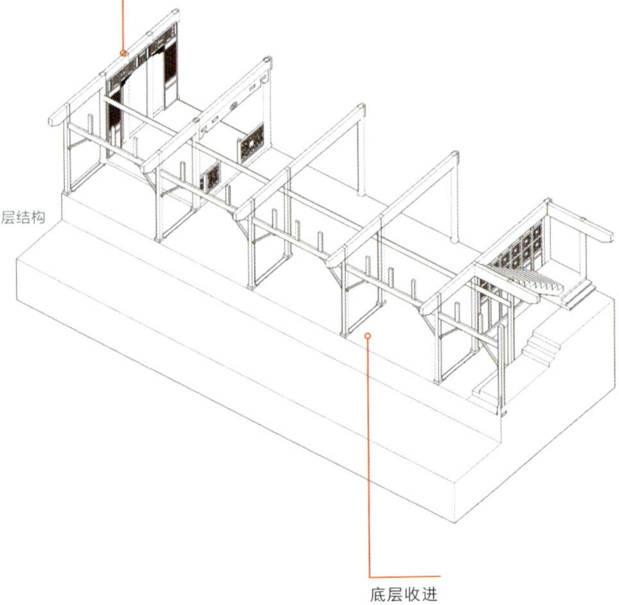

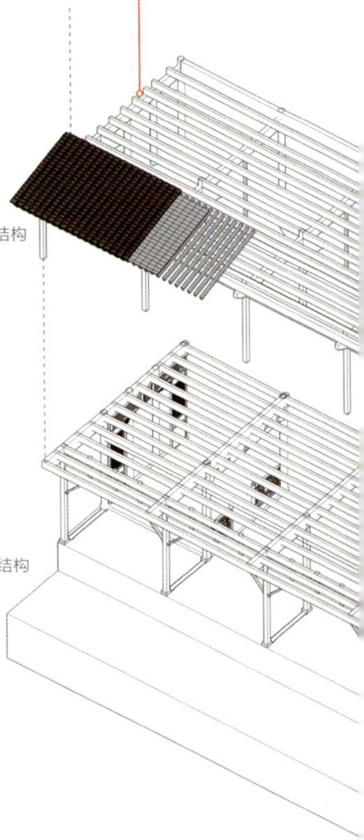

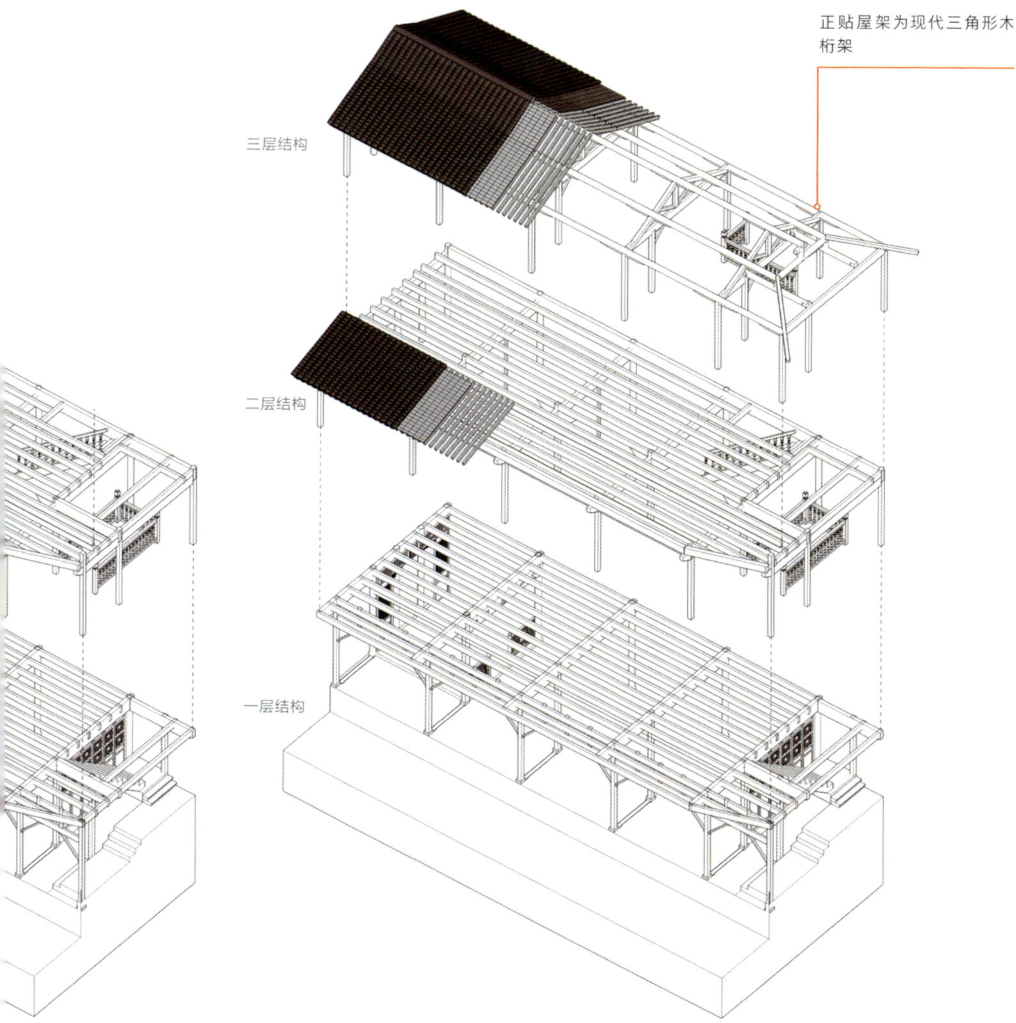
正贴屋架为现代三角形木桁架
三层结构
二层结构
一层结构

沿街立面

第一楼沿河立面为五开间。整个立面由下至上，由虚入实，与洪福桥形成丰富的空间关系，是目前新场最吸引人的空间节点。

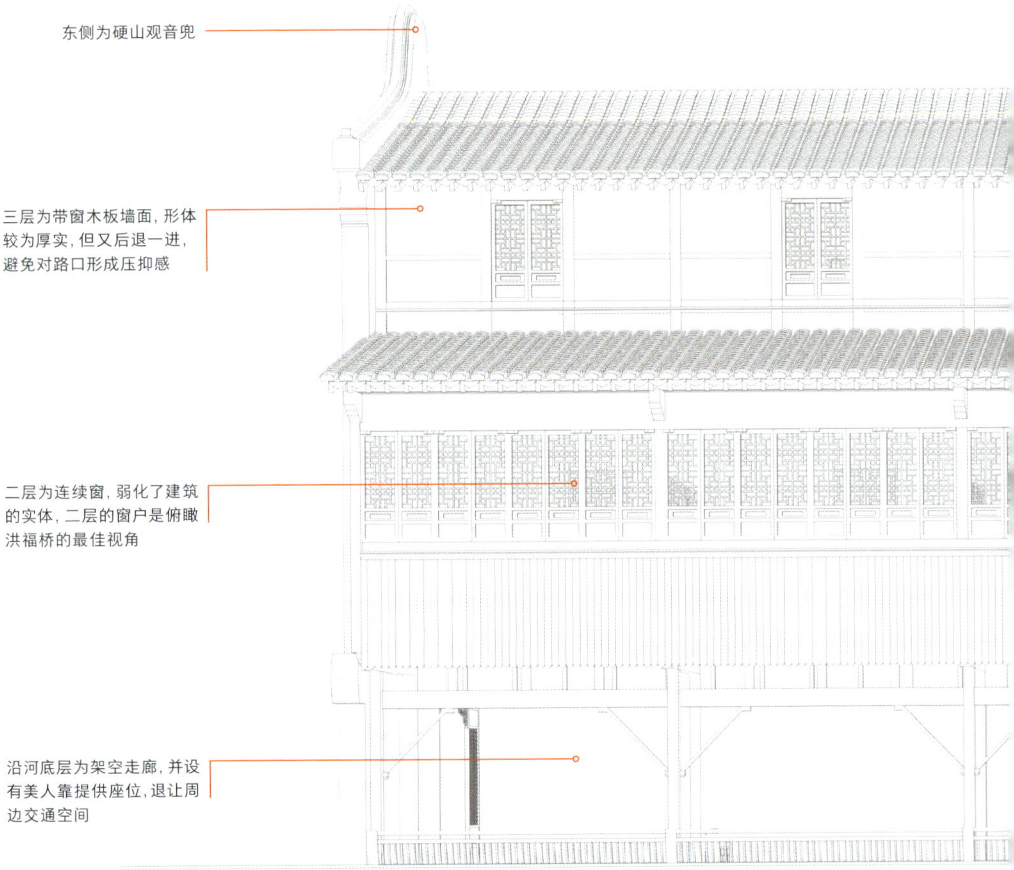

屋面

第一楼屋面形式较为特殊，临新场大街的西侧为歇山，东侧为硬山观音兜。这种不对称的做法是江南地区位于交通交叉口处建筑屋面的常用做法。

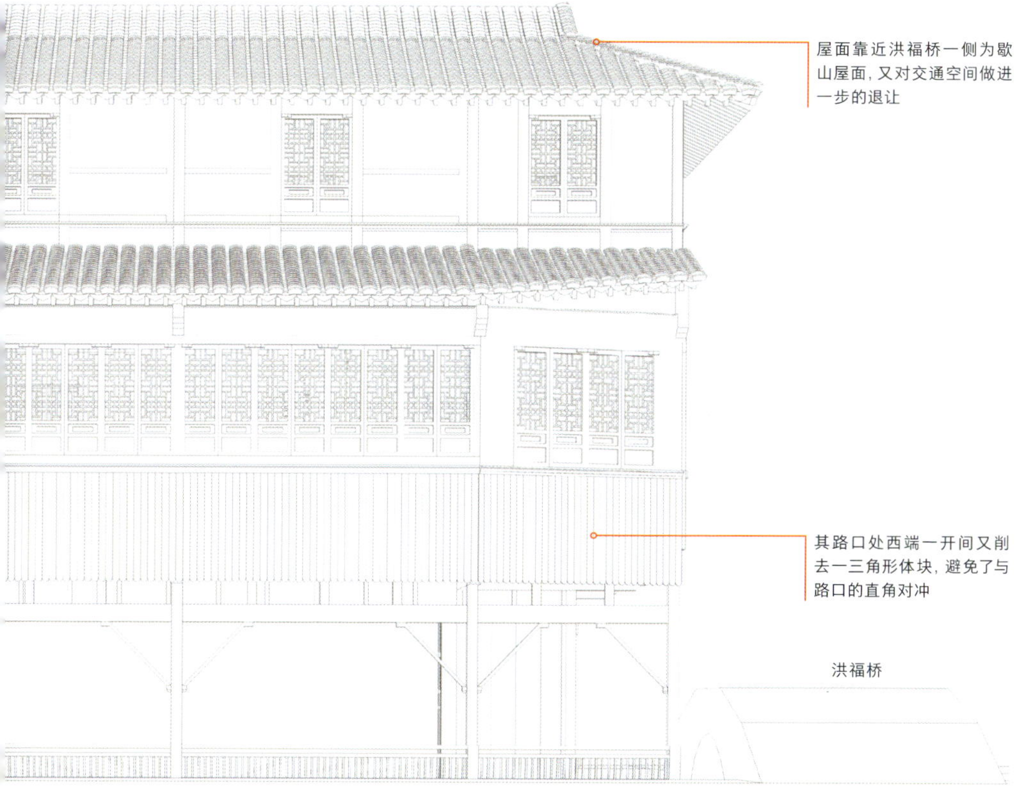

李锦伯宅

李锦伯宅始建于清末民初，位于新场大街中段西侧，新场大街 319 号。建筑坐西朝东，现存三开间四进的院落式建筑。

作为清末地主阶级的私家宅第，相对于普通江南民居来说，建筑规模较大，等级较高。在仪门之后保存一座精巧的歇山顶祠堂，是侍奉李氏祖先的地方。

· 占地面积约 440 平方米
· 建筑面积约 600 平方米

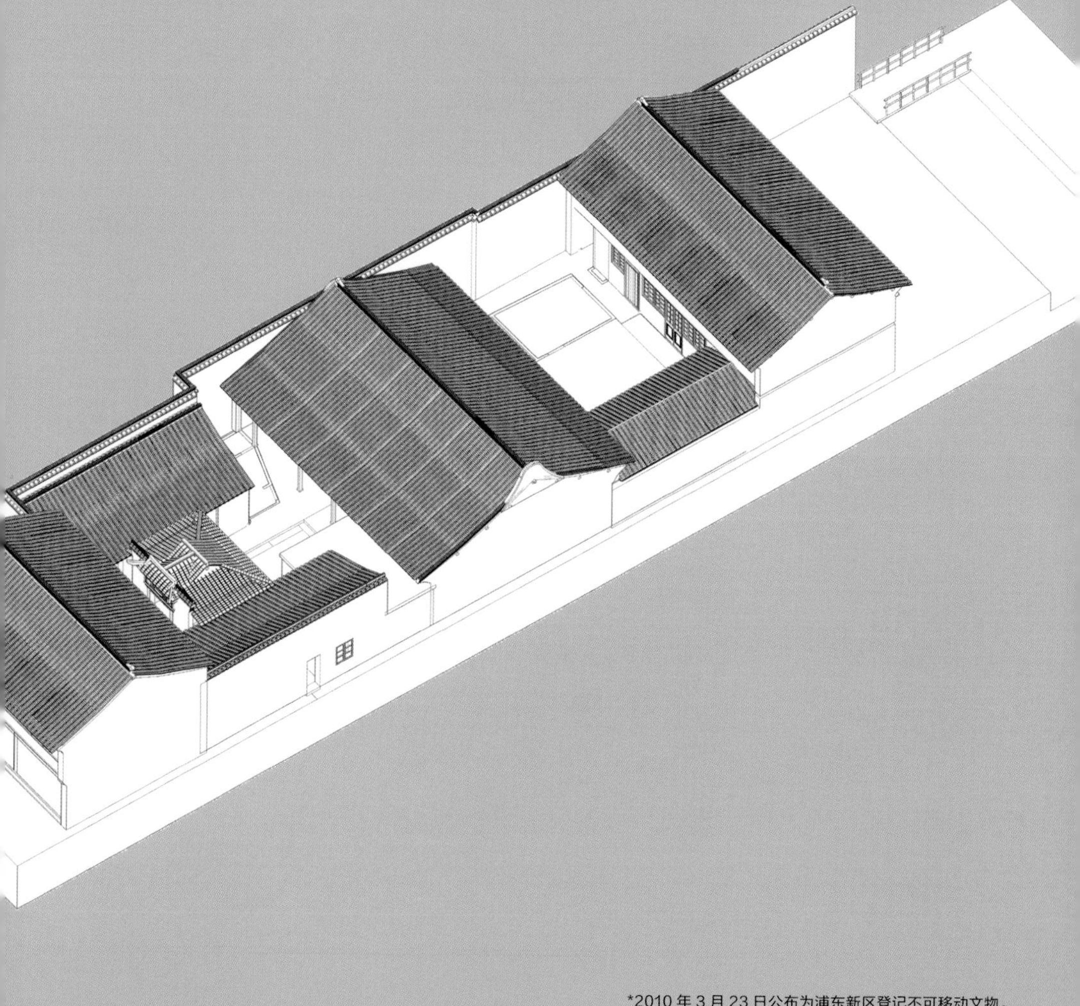

*2010 年 3 月 23 日公布为浦东新区登记不可移动文物。

李锦伯宅街景

院落格局

李锦伯宅是典型的跨河花园型，街道一宅院一河道码头一桥梁一私家花园。整体建筑坐西朝东，其宅基地东西长约 45 米，南北宽约 15 米，四进三开间。

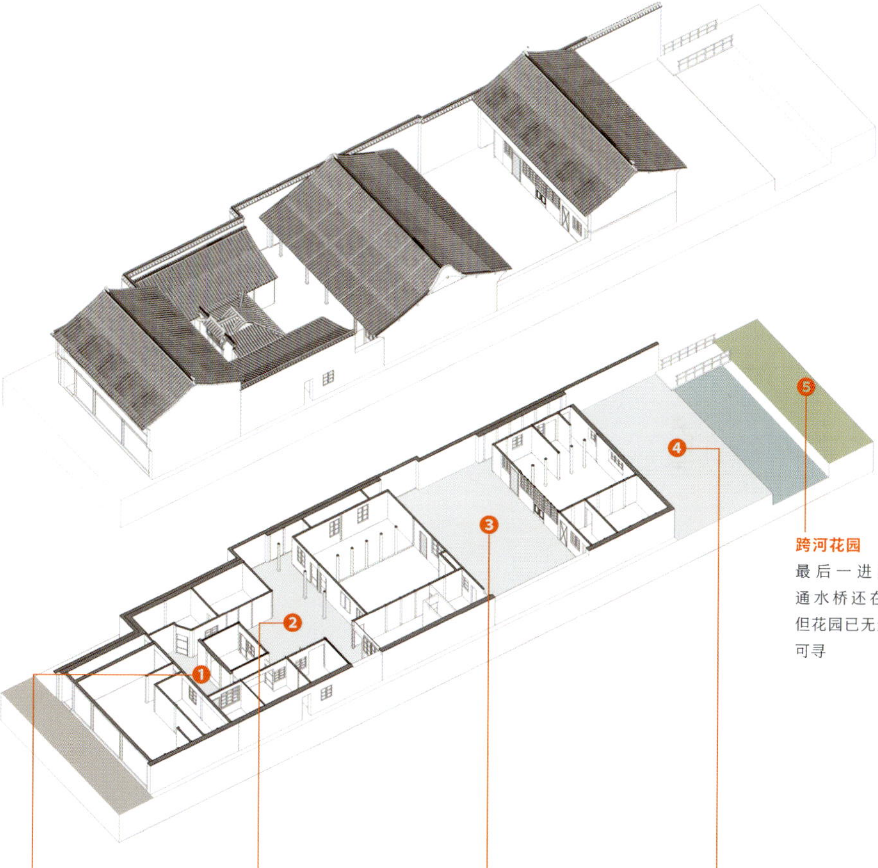

第一进院落 入内为天井仪门，将沿街建筑与祠堂分开，沿街现为店铺，两层三开间。仪门近期被毁

第二进院落 为祠堂和正厅，东西两侧厢房为一层。目前院内加建比较严重，原院落空间面貌已不可见

第三进院落 为正房两层，两侧厢房一层，院内金山石地面仍可见，但院内加建较为严重

第四进院落 目前破坏和加建较为严重，原面貌已不可见

木结构

沿街商业

沿街商业为两层三开间，四柱八架，梁下夹底，穿斗-抬梁混合式

第二进厅堂

第二进祠堂为五架二柱，正厅为一层八架八柱的穿斗式厅堂，厅前有轩廊，梁上雕刻精美

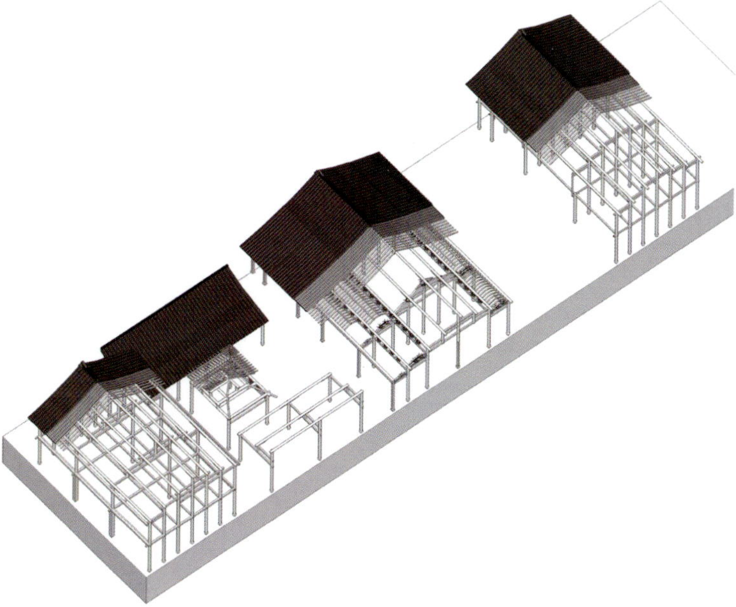

第三进居室

第三进为两层七架七柱，破坏较为严重

沿街立面

沿街立面两层，临街檐高 5 米，脊高 7.5 米。一层现在为临街商业；二层为住宅全木质立面，是典型的下商上宅的立面形式。

◎ 李锦伯宅沿街立面

仪门

整座仪门为传统中式，歇山灰瓦顶。仪门整体线脚层次丰富，仪门上文字为“福履绥之”，取自诗经《周南·樛木》中“乐只君子，福履绥之”的诗句，当时建屋之时应正逢主人喜事。砖细的回字纹和植物纹样保留较好。门框为金山石。

◎ 李锦伯宅仪门

装饰与纹样

李锦伯祠堂，梁下花板木雕精美，保存完好。

第二进正厅前轩廊的梁枋木雕亦十分精美。

◎ 第二进 - 木雕花饰

张沛君宅

张沛君宅位于新场大街中段西侧，建于清末民初，三进四开间。

作为清末地主阶级的私家宅第，相对于普通江南民居来说，建筑规模较大，等级较高，反映了新场镇昔日的富庶与繁荣。

· 占地面积约 810 平方米
· 建筑面积约 250 平方米

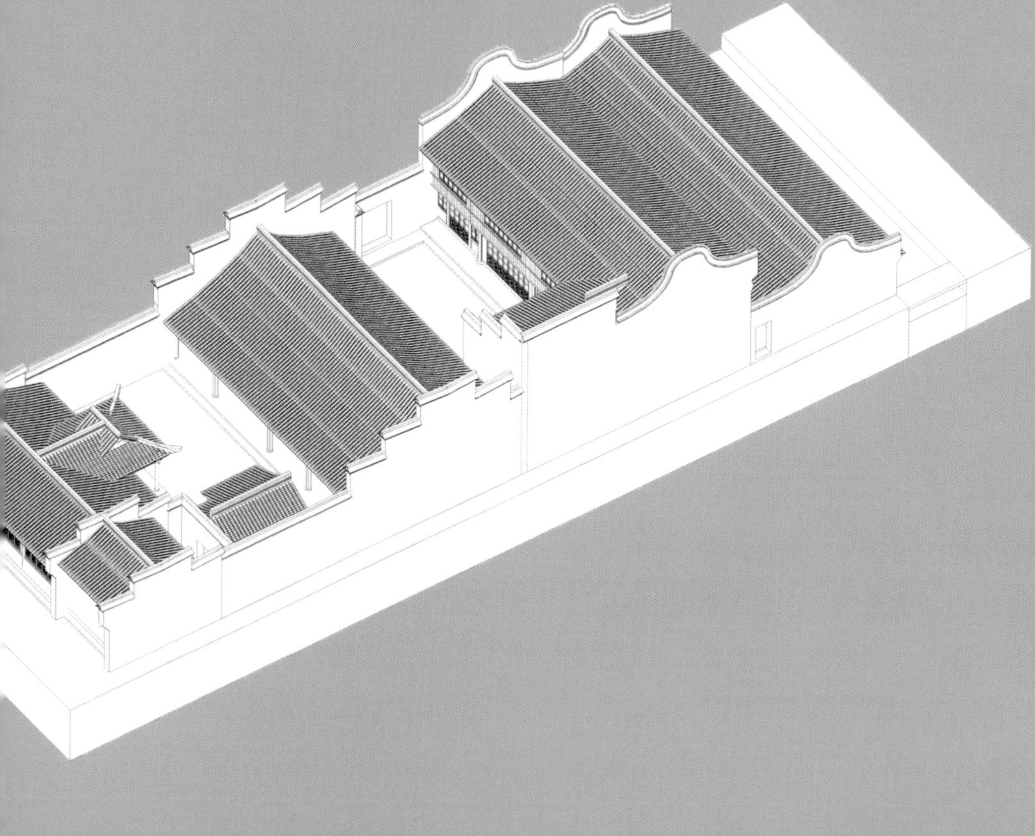

*2017 年公布为区级文物保护点。

◎ 张沛君宅第二进院落

院落格局

张沛君宅为典型的新场民居布局，沿后市河与新场大街之间的院落空间，形成江南水乡少见的、跨河花园型的特殊格局：街道—宅院—河道码头—桥梁—私家花园。整体建筑坐西朝东，其宅基地东西长约 46.49 米，南北宽约 17.2 米。

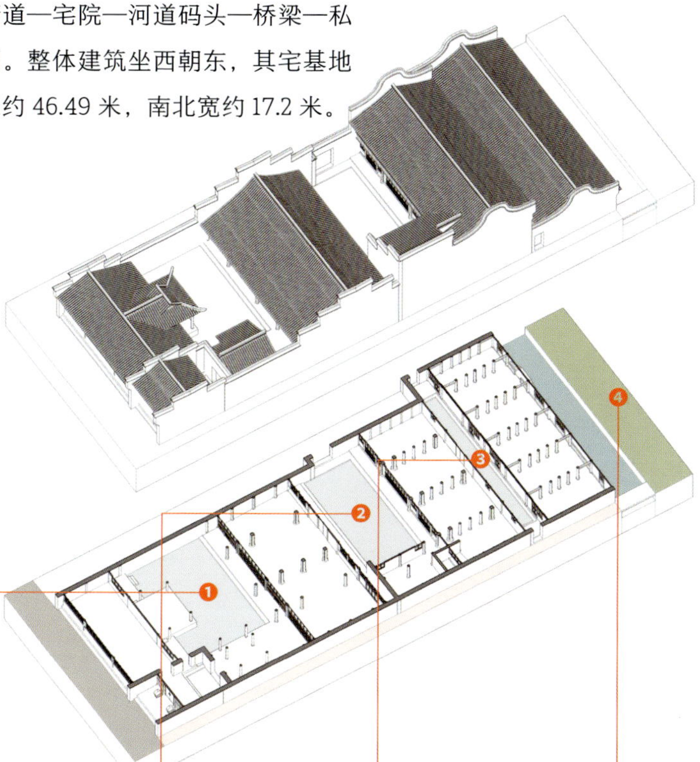

第一进院落 第一进沿街建筑，原本损毁较为严重，2015 年经古镇公司修缮后已基本呈现出历史风貌，但入口位置从原四开间南起第二间改为最北面一间。第一进的院落空间布置为花园，并加建了一处戏台。正厅四开间，其中南面三开间做厅堂，北面一开间作为厢房用。厅堂与沿街部分均为一层

第二进院落 由面阔四开间的居室和北侧厢房围合的空间，居室厢房均为两层，居室最南边的耳房可上二楼，厢房南侧是山墙，由入口可进入该院落。居室与厢房连为一体，与东侧厅堂完全断开，厢房的东山墙以三平凤马头墙[1]的形式高耸竖立，修缮工作特意暴露出墙体空斗砖的构造形式。此处墙体破损较为严重，原墙体应为前厅与居室部分的分隔墙，并应有仪门一座，现已毁

第三进院落 最后一进院落，由一层后勤用房与南北的山墙围合而成

第四进院落 沿河通过与郑少云宅合用的直通水桥与后市河对岸的花园相连，并设有马鞍水桥以便乘船出行。现木桥已改为混凝土桥，花园逐渐荒废破落，已无存

[1] 三平凤马头墙：三阶马头墙，平凤形容马头墙脊微起翘的形态。

木结构

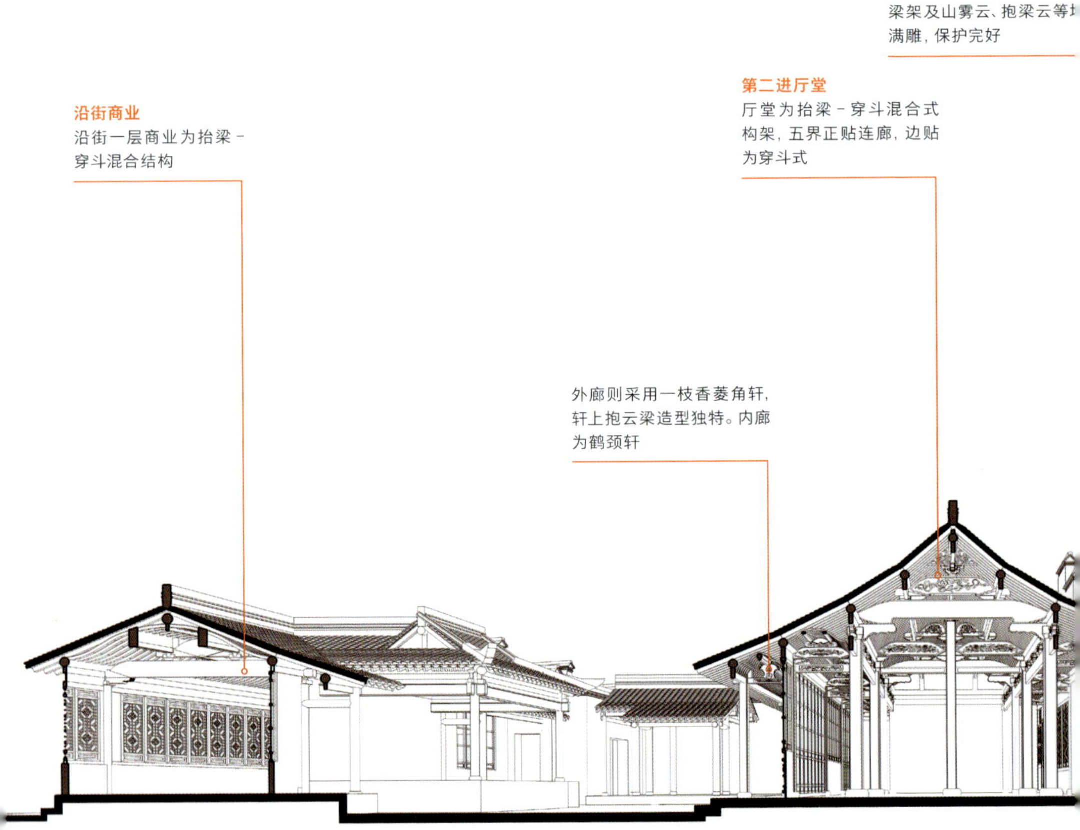
梁架及山雾云、抱梁云等均
满雕，保护完好
第二进厅堂
厅堂为抬梁-穿斗混合式构架，五界正贴连廊，边贴为穿斗式
沿街商业
沿街一层商业为抬梁-穿斗混合结构
外廊则采用一枝香菱角轩，轩上抱云梁造型独特。内廊为鹤颈轩

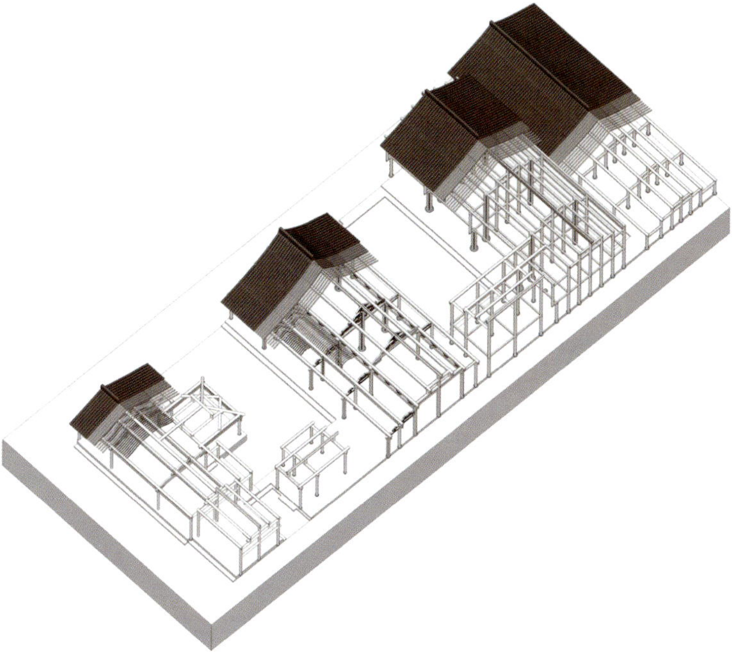

第三进居室

后部居室为两层穿斗式，梁上无雕刻

第四进居室

最后一进为后勤用房，单层五开间穿斗式

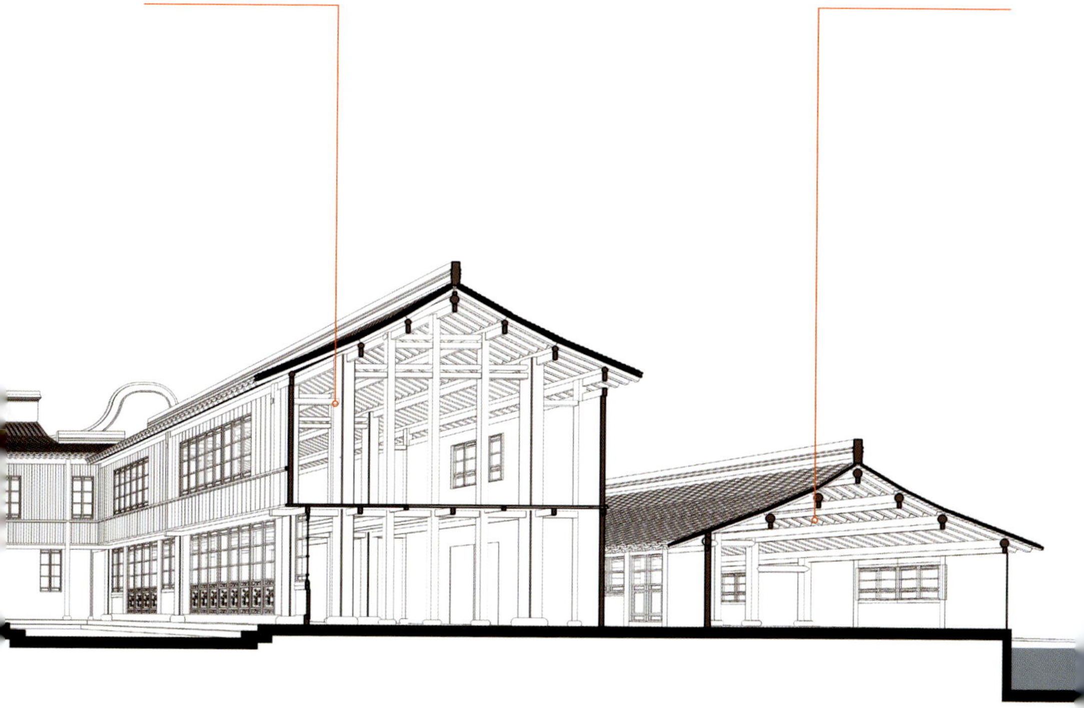

立面

东侧沿街立面，现为全窗型商业立面，四开间，面阔 10.5 米，直线挑檐，檐口高 3.03 米。北侧第一间为入口，南北各有马头山墙。入口木门扇高大，其他开间全由木质雕花半窗组合而成。

北立面山墙面上的马头墙与观音兜连续组合，高耸壮观，北立面与北侧其他建筑之间组成一条狭长火巷，墙面有石门框木门，与几处高窗。墙面材质以石灰砂浆抹面为材质，部分脱落，斑驳有历史感。

南立面新修缮完成，白墙石灰砂浆抹面，小青瓦檐口压顶。

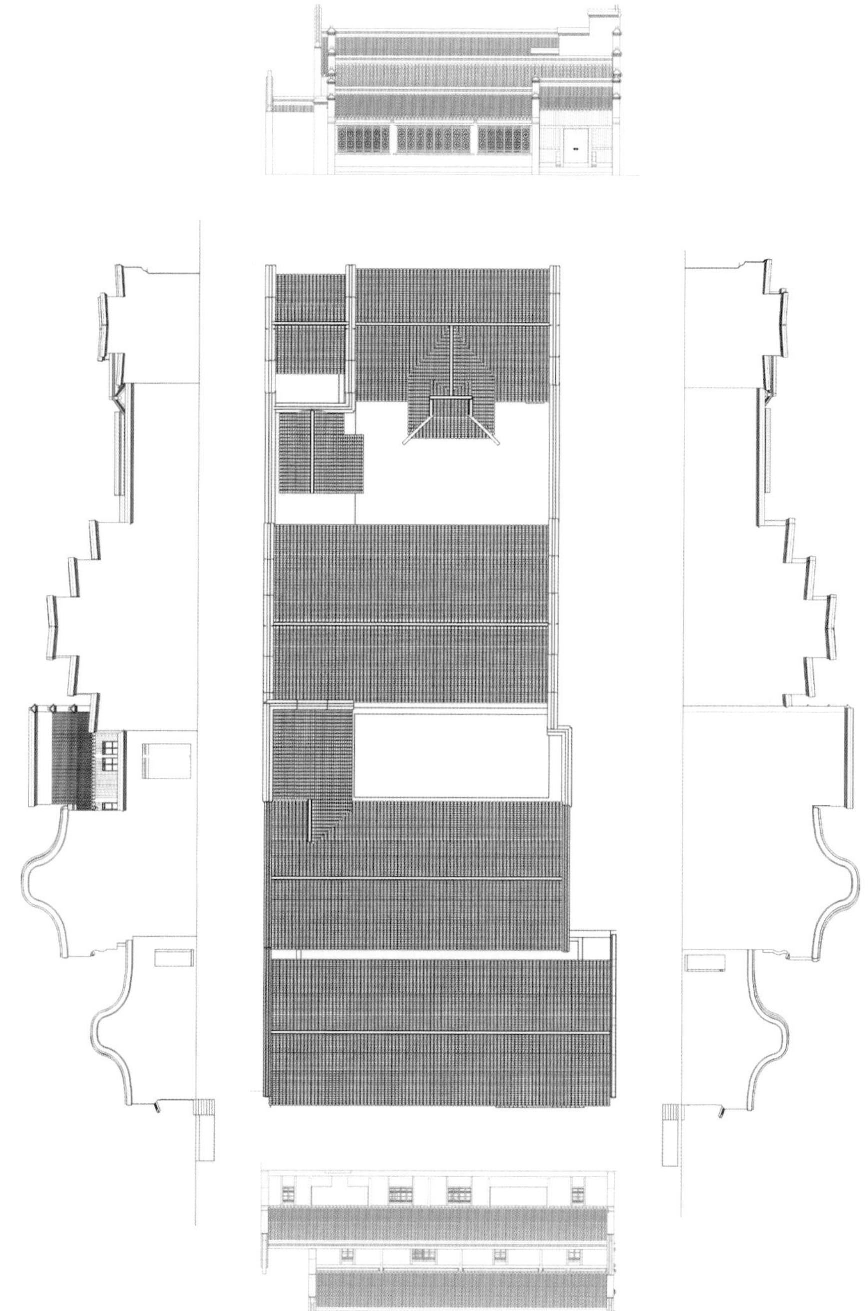
N

○ 第一进院落北侧过廊

门窗

正厅最北侧一间保留了比较完整的窗和格栅门。沿街建筑的窗、正厅和居室的格栅门、窗均是参考了这一进门窗的样式进行复制。复制品做工精细，与历史风貌融合较好。

该进后面的窗依据原有的形式进行了较大的调整：在原两扇窗的基础上改造成为格栅门，样式基本保持不变，做工十分精细。

第一进院落正厅北侧厢房

第一进院落戏台

装饰与纹样

厅堂正贴抬梁木雕装饰最为复杂，分为三层。

梁垫蜂头为带莲蓬的莲花木雕，立体感极强。两侧棹木装饰亦十分精美

◎ 厅堂木雕装饰

最北侧一间的室内装饰受到西式建筑的影响，墙壁上有三联拱券柱式，石灰麻刀装饰。

◎ 正厅北侧厢房内墙面装饰

张小乙宅

张小乙宅建于民国初年，位于新场大街 283 号，为新场少有的三层独栋住宅，坐北朝南，砖木结构。房主原为北大张姓教授，思想开放，故乐于接受新事物，解放战争结束前夕主人移居美国，房屋底层曾用作舞厅。

张小乙宅并非简单的“日式建筑”，与张厅以及奚家厅后加上去的西式建筑元素也不同。清晰的体量、大面积开窗形成的室内外空间交流关系和垂直的功能分布，显然是受近代上海现代建筑观念的影响；而对称的平面布局和立面、三重歇山屋檐，是在传统形制做法的基础上又具创造性的突破；局部西式的门窗、室内繁复的线脚和墙裙装饰则与近代上海对西方的想象保持一致。所以张小乙宅应该是受到中国传统、现代和西方古典三重建筑文化影响形成的独特的建筑形式（与上海市新华路 200 号陈果夫旧居有文化共性），这也是近代上海这座城市在面对复杂的中西、古今各种矛盾和需求时作出的应对。

· 占地面积约 130 平方米
· 建筑面积约 360 平方米

*2010 年 3 月 23 日，张小乙宅列为浦东新区登记不可移动文物。

格局

张小乙宅为三层独立小别墅，其空间格局既保留了传统的住宅对称关系，又受到上海西式建筑的影响，形成垂直的功能分布和内外空间交流关系。

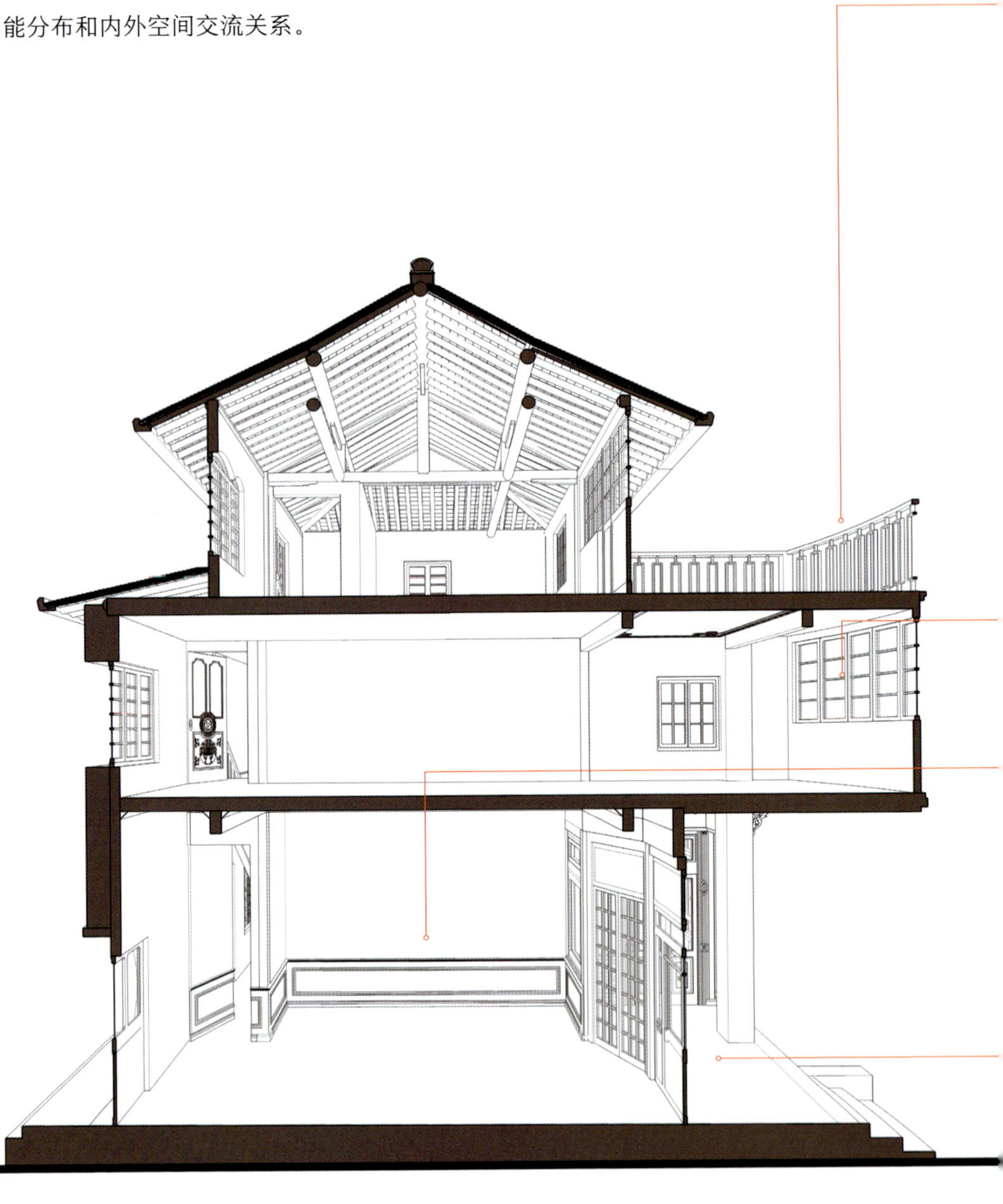

三层平面继续收进。二层外凸体量在三层彻底内收为巨大的露台，其视点高度仅次于第一楼，历史上应是可以俯瞰全镇的制高点

两侧厢房面向外部空间的部位为大面积的格栅窗，与传统建筑内向的空间关系不同，与外部公共空间形成较好的交流关系

二层中间正房以方形体量外凸，与底层入口空间形成下虚上实的空间关系，并打破了周匝屋檐；其立面为大面积木制玻璃窗，极具现代建筑气息

二层除了明间外，两侧次间向内收进，收进墙体位于横梁之上

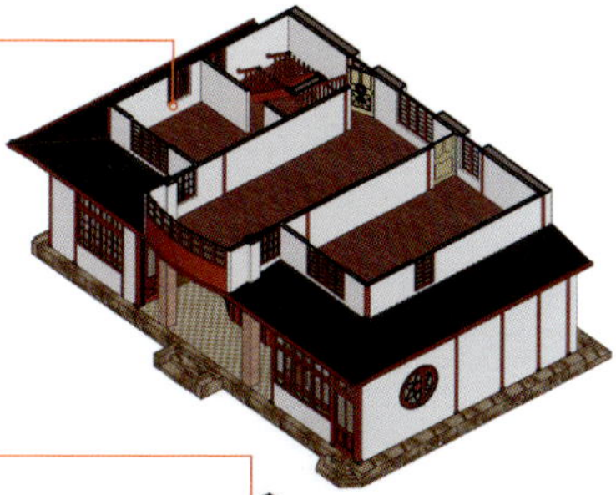

入口进门后为正厅，带有典型的西式石膏线脚装饰和墙裙装饰

楼梯和后勤用房位于建筑最后端

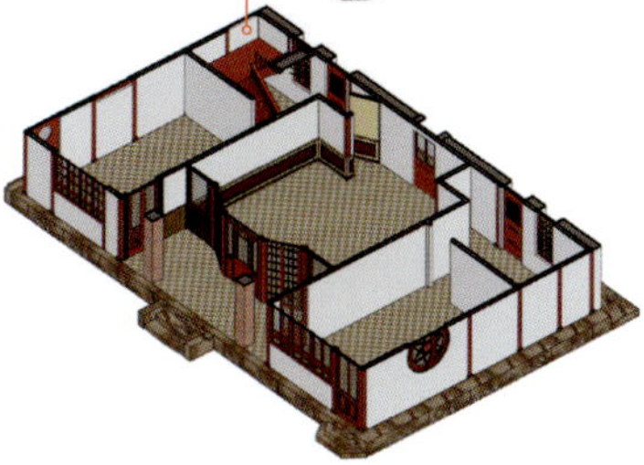

底层平面空间入口空间内凹，形成入口的过渡空间。建筑三面围合，各有开门，中间为正入口，两侧为厢房入口，与新场传统院落空间中第二进正房与厢房围合的院落关系极为相似

立面

立面左右对称。建筑位于三级金山石台基之上，南立面檐高一层 3.1 米、二层 5.53 米、三层 8.22 米，脊高南侧 10.5 米。

○ 张小乙宅南立面

装饰与纹样

在室内外的天花上均有石膏装饰纹样。多是植物纹样，局部有彩雕纹样；墙角的木质线脚上是连续且重复的植物纹样；墙裙处是木质线条装饰；入口地面铺设双色混拼方形地砖。

植物纹样－天花石膏装饰

植物纹样－一层入口－天花石膏装饰

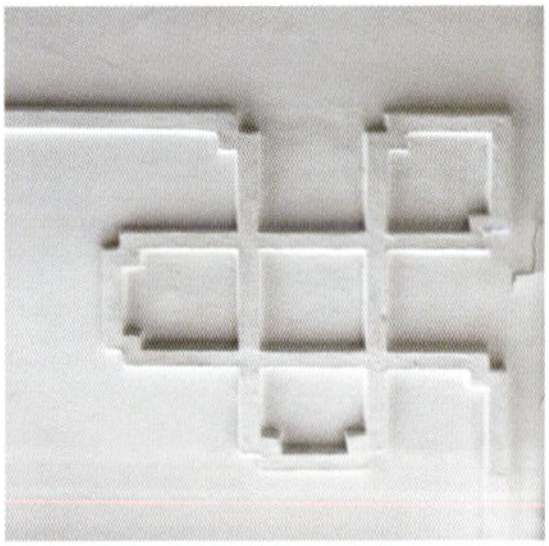

天花石膏线条装饰

木质线条装饰

连续且重复的植物纹样

入口双色混拼方形地砖

门窗

南面入口为西式落地门窗。门上亮子装饰木质透雕云纹图案。正厅后方正对面是北侧后门，为中式月亮门。

从二层房间为西式木门，装饰有薰衣草和孔雀的木雕。

北侧后门

一层格栅门

二层室内门

二层室内门

王和生宅

王和生宅，新场大街 195 号，始建于清末民初，位于新场大街中段西侧。建筑坐西朝东，为四进五开间院落。

· 占地面积约 630 平方米
· 建筑面积约 913.95 平方米

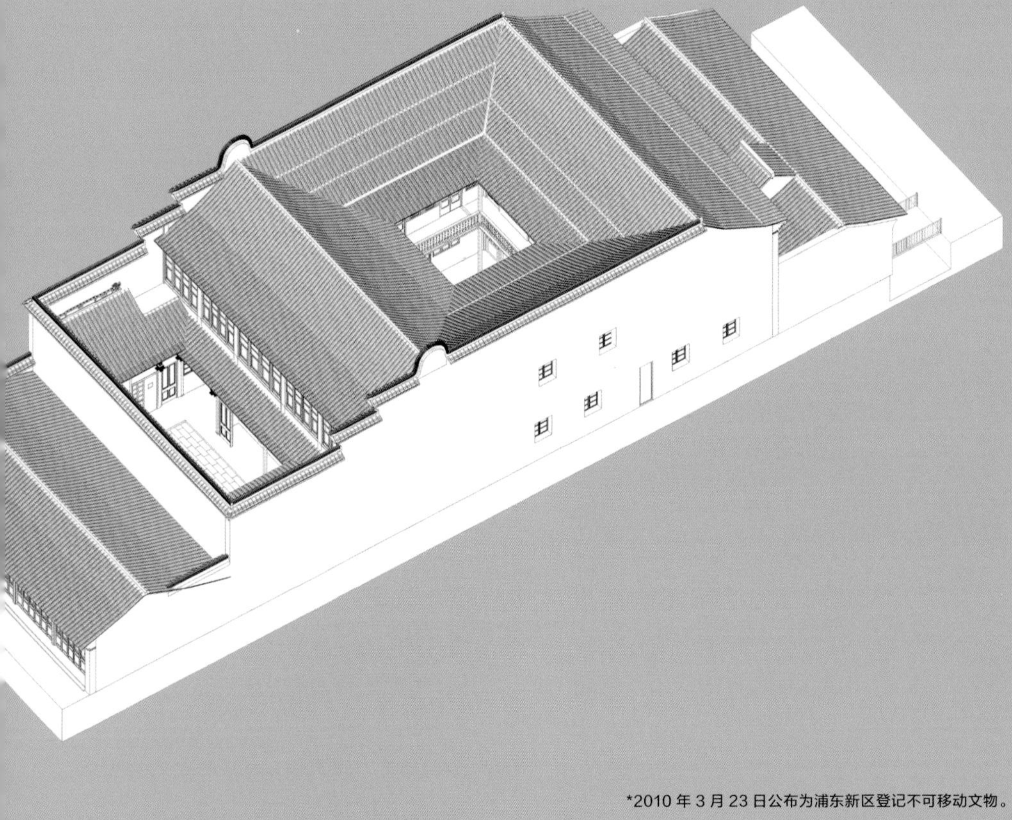

*2010 年 3 月 23 日公布为浦东新区登记不可移动文物。

第三进院落

院落格局

王和生宅的院落为典型的跨河花园格局：街道—宅院—河道码头—桥梁—跨河花园。其宅基地长 16.4 米，宽 44.7 米，四进院落。

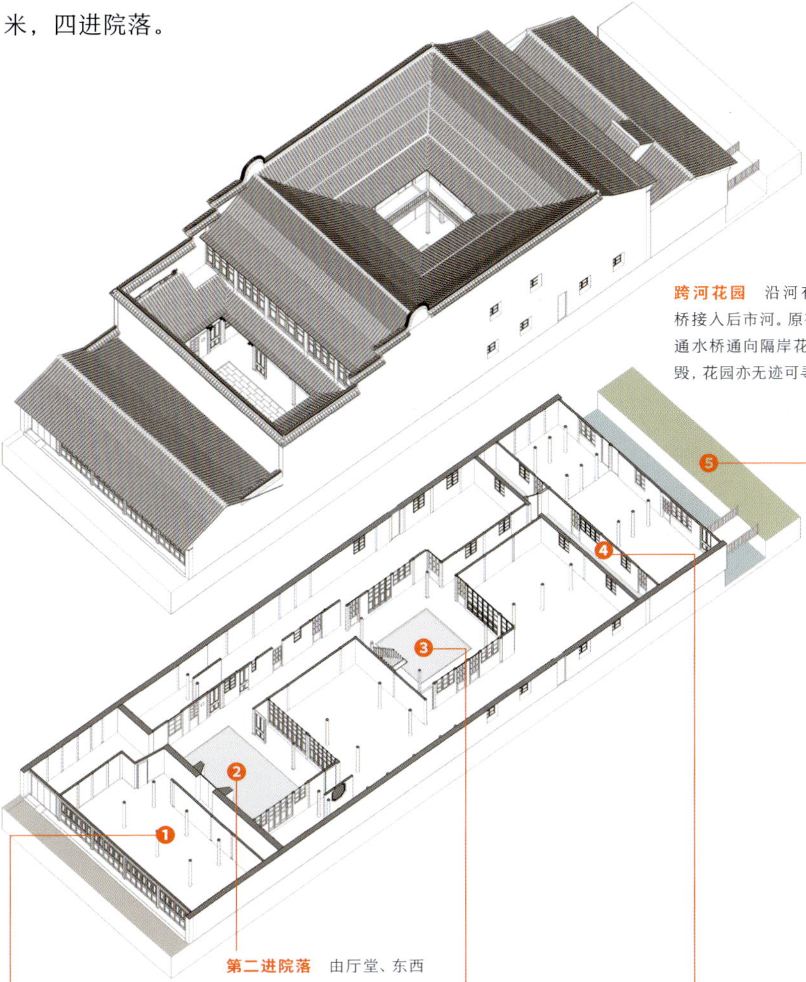

跨河花园　沿河有马鞍水桥接入后市河。原有跨河直通水桥通向隔岸花园，现已毁，花园亦无迹可寻

第二进院落　由厅堂、东西厢房和沿街建筑围合而成，仪门倚墙而立(现被封堵)。院内地面是金山条石铺砌的天井庭心。厅堂为两层五开间，每层皆由前厅和左右两组耳房组成。厅堂一层东西面均有轩廊，南北两侧为一开间一层厢房

第一进院落　应为沿街商业与仪门之间的过渡空间和小天井，目前已被封堵

第三进院落　为内宅。正房和厢房均为两层，四周均有回廊，围合成天井

第四进院落　为后勤用房空间，较为杂乱

木结构

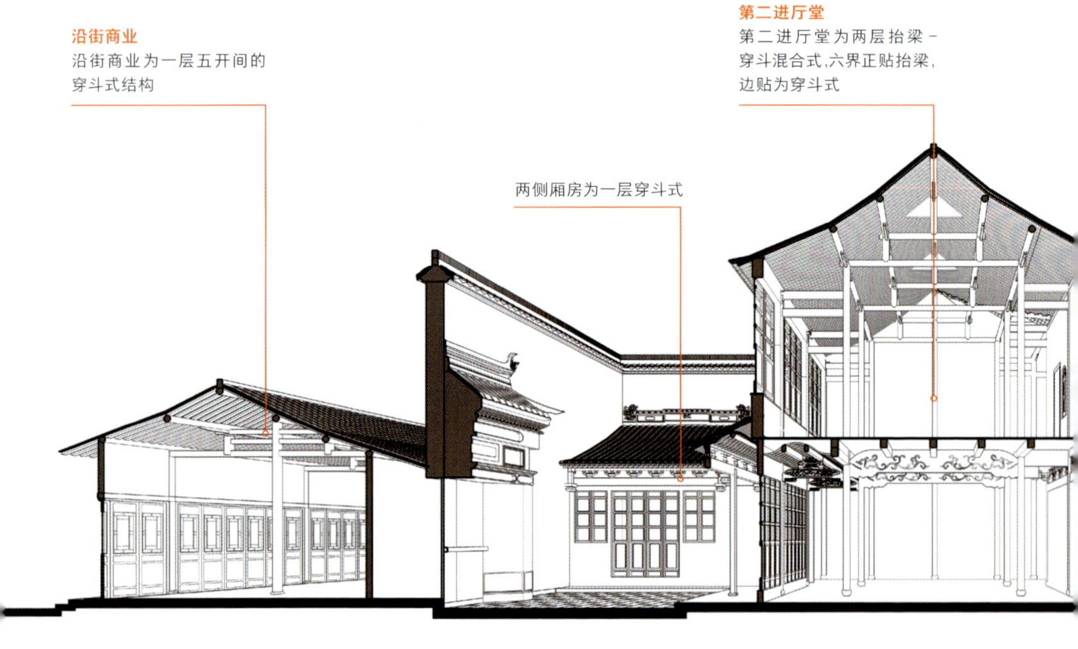
沿街商业
沿街商业为一层五开间的
穿斗式结构
两侧厢房为一层穿斗式
第二进厅堂
第二进厅堂为两层抬梁-
穿斗混合式，六界正贴抬梁，
边贴为穿斗式

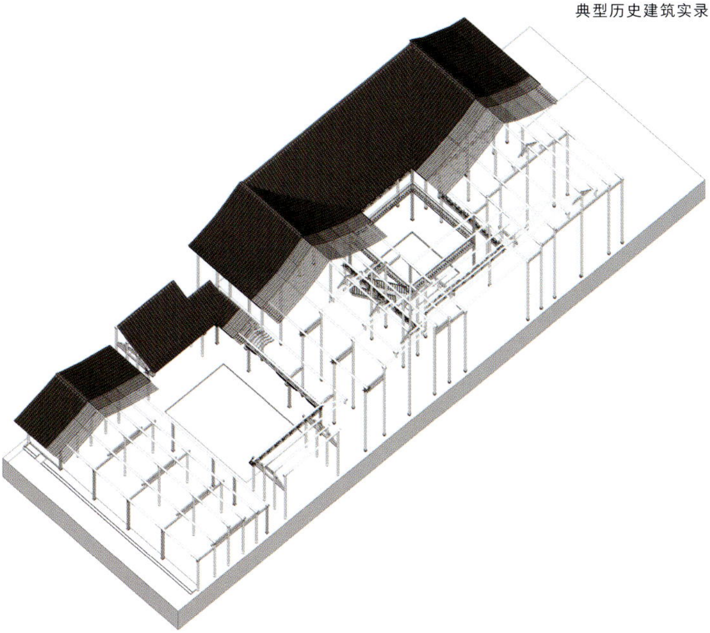

第三进居室

第三进居室为两层穿斗式居室，两侧厢房也为两层

最后一进

第四进为单层穿斗式后勤用房

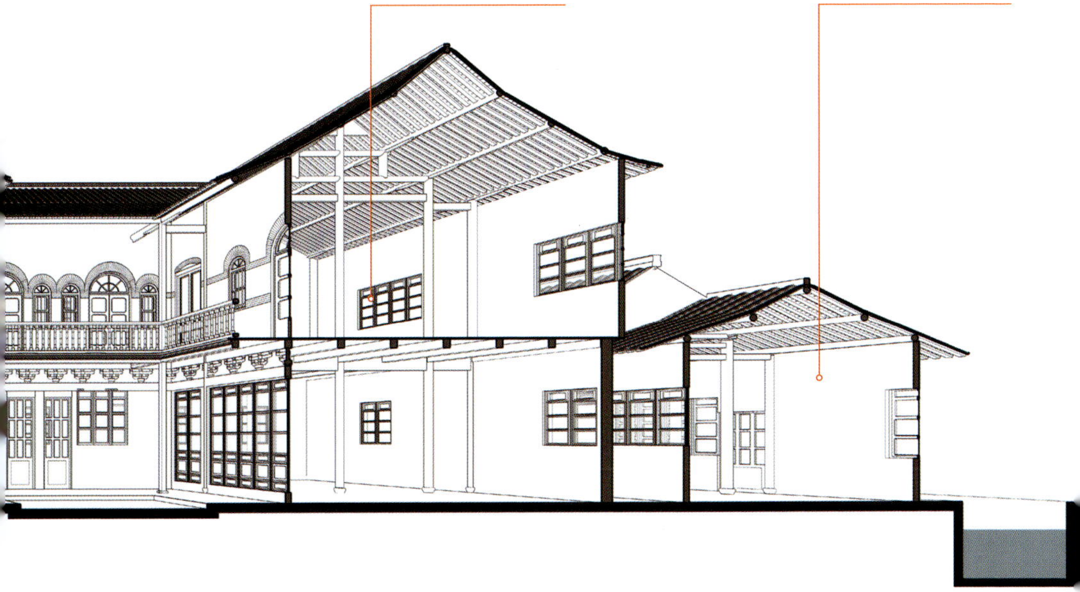

装饰与纹样

木雕 王和生宅的木雕，并非如其他建筑的木雕主题——主要是象征吉祥如意或者是财运亨通，而是基本上以政治人物或事件为主题，也反映出其主人对于仕途的渴望。

第二进厅堂梁下有两层木雕装饰。上层为一斗三升牌科，共 12 朵。牌科间以万字形花板装饰

下层花板装饰等级最高，共分三段。明间木雕中部为帝后与天庭百官形象，两侧各有人物奔走而来，两端为龙腾祥云图案。这在民宅中较少见到

次间木雕是姜子牙出山的人物形象，两端是凤凰展翅

两侧一层厢房梁下木雕以画卷方式展开，中间为仙人祥云主题， 两侧为兰花纹样。次间梁下亦有仕女人物雕刻

◎.王和生宅木雕装饰

正厅设抬头轩。轩上荷包梁为寿桃图案，脐寸半处亦为寿桃

轩梁则为喜鹊登枝图案

连机和梁垫上植物纹样也雕刻精美

砖细

仪门上以砖细再做了一层假屋脊，坐盘砖和滚筒均完整，哺鸡形象精致生动

两侧厢房与院墙交接处亦用砖细做假屋脊，其形式为简化的哺龙脊，两端各有一条站立的小龙，憨态可掬，十分可爱

第三进院落中二层立面为民国时期新加建的西式清水砖墙

墙面为扁砌元宝缝青砖。门窗处则用红砖磨为楔形做拱

© 王和生宅砖细

立面

东立面沿街店铺为一层全门型，五开间。面阔 16.3 米，檐口高 3.52 米，脊高 5.52 米，挑檐 0.9 米。门高 2.8 米，最南侧一开间为入口，全木门，其余为隔扇门，门上 1.08 米高，全条木纵拼，小青瓦坡顶。

西立面为沿河立面，一层独立门窗、半窗组合分布的住宅立面，五开间。檐口高 3.5 米，脊高 5.52 米。全木镶玻璃门窗，木柱子石木基座，墙面石灰水泥砂浆抹面，小青瓦坡顶，现私自封堵立面破坏严重。

南北山墙面为硬山，局部有马头墙，墙面石灰水泥砂浆抹面，瓦顶筑脊。

◎ 东立面

门窗

沿街一层为全门型，入口开间全木排门，其余为隔扇木门。在内院第二层回廊立面上，是非传统样式的带红砖拱券的木门窗。在拱券形的门、窗亮子中镶嵌着彩色玻璃。在双开木门扇中，每扇门内上下镶嵌着倒圆角的方形彩色琉璃玻璃。

东西两侧的立面门窗布局一致，有两组门窗，由双开木门居中左右各一扇窗为一组，相同组合两组并列。门窗的组合使红砖拱券形成连续的包边线条，样式特别。

© 内院第二层门窗

仪门

整座仪门为传统中式。仪门为歇山灰瓦顶，屋脊呈浮雕形式雕刻于白墙上，脊端头为精致的哺鸡纹样。整个屋脊附于滚筒之上，其下是小青瓦歇山顶。檐口有雕花滴水，其下是衔条与线脚收边，一直到定盘枋。定盘枋上有横向等距整列的木质雕花，精巧可爱。定盘枋也有十分精致的收边。再往下是上枋，侧面有纹样雕刻。再下是字牌，有字样痕迹，两边对称有兜肚。下枋侧边有雕花。仪门面向庭院的一面雕刻复杂，面向入口一面已损坏。

屋顶
歇山灰瓦顶，屋脊呈浮雕形式雕刻于白墙上，脊端头为精致的哺鸡纹样。整个屋脊附于滚筒之上，其下是小青瓦歇山顶

檐口
有雕花滴水，其下是衔条与线脚收边，一直到定盘枋

定盘枋
上有横向等距阵列的砖细雕花，精巧可爱

字牌
有字样痕迹，
两边对称有兜肚

◎ 王和生宅仪门

下篇

新场古镇历史文化风貌区设计与管理导则

缘起、目的与原则

缘起

今天的新场古镇保留了完整的历史空间格局、景观和建筑文化，也保留了浦东原住民的生活方式，这一切既是其价值所在，也是保护工作的难点。《上海市新场历史文化风貌区保护规划》对新场古镇的历史文化资源进行了全面系统的梳理；在《上海市郊区和浦东新区历史文化风貌保护范围划示》（2005年）中为新场确定146.9公顷保护范围基础上，进一步划定了47.8公顷的核心保护范围和99.1公顷的建设控制范围；在城市控制性详细规划层面上，对新场的空间格局、历史建筑、用地规划规划、道路水系、市政工程、公共空间等层面提出了具体的保护和建设控制要求，形成了新场古镇历史保护的整体性框架。

对于大量一般历史建筑或需整治建筑的修缮改造，以及居民因日常生活和营商需求而进行的频繁建造活动，不仅需要《保护规划》制定整体保护体系，还需面向实际建造活动提供更具体的技术指导和精细化管理。这正是《新场意匠：新场古镇历史文化风貌区设计与管理导则》需要面对和解决的问题。

目的

《导则》的目的有以下五点。

1

首要目的是承接并深化《保护规划》中相关技术规定，为《保护规划》对新场古镇整体风貌保护的具体建设在实施层面提供技术引导。

2

优化古镇风貌管理体系，为管理部门提供管理技术支持。

3

为居民或使用者提供清晰的风貌保护要求。

4

为设计方和施工方明确风貌保护技术要点。

5

进一步呈现新场的历史文化价值，引导各方共同遵守《导则》，形成基于文化价值认同的居民共建，更进一步推进新场历史保护的精细化管理工作。

原则

整体性原则　新场古镇的整体性是指在浦东地区历史变迁和周边文化交流影响下自然生长的、完整的、系统的生活生产状态、文化脉络和物质空间。《导则》的制定不仅针对具体的建筑保护更新，同时也包括了与建筑一起共同构成古镇风貌的各种要素，以及这些要素之间与整体环境之间的相互关系。

真实性原则　真实性原则是指对古镇的建筑或历史空间的保护、修缮或控制必须建立在基于真实的，或可信度基于真实的历史信息的基础上，进行分析梳理方可制定具体的建设工作。同时考虑新场古镇的真实性也应包括采用传统的样式和做法、延续古镇风貌，并且对当地居民的生产生活有积极作用的建设活动，应视之为古镇自我更新的一部分。

可持续原则　在对历史建筑或空间进行保护、修缮或控制的过程中，应当考虑到古镇作为居民宜居空间的实际需求，在尊重历史文化和保护古镇风貌的前提下，允许居民进行必要的功能调整及适应性利用。

使用指南

本书分为上篇和下篇两部分。上篇是对新场历史风貌谱系进行梳理和建构，形成从宏观历史文脉到微观建筑装饰细部的解读体系。下篇是技术管理细则，针对空间景观和建筑风貌两类对象提供管理程序引导建议和设计引导建议，是对新场历史风貌谱系的提炼、量化和应用化。

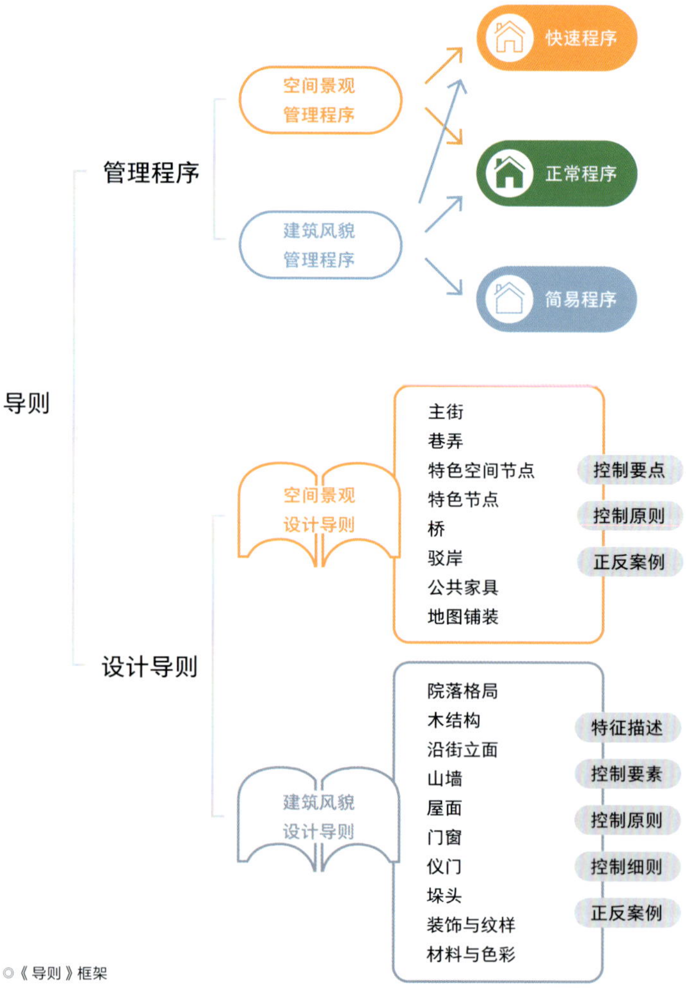

◎《导则》框架

《导则》主要服务于以下三类需求。

1. 对于有建设需求的居民或使用者

步骤 1 了解房屋在《保护规划》中所确定的保护更新类别以及相应的规划控制规定，作为开展建造工作的前提。

步骤 2 根据实际的建设需求和《导则》相应的设计技术要求（见本书空间景观建设行为指南和建筑风貌建设行为指南），提交建设申请。

步骤 3 待管理部门许可后即可付诸实施。

2. 对于管理部门

步骤 1 了解房屋在《保护规划》中所确定的保护更新类别以及相应的规划控制规定，作为开展建造工作的前提。

步骤 2 根据居民实际的建设需求和《导则》相应的程序管理建议确定申请流程。

步骤 3 依据《导则》相应技术要求组织专家进对居民的建设申请进行评议。

步骤 4 依据《导则》相应技术要求进行设计管理和施工管理。

3. 对于设计方与施工方

步骤 1 了解房屋在《保护规划》中所确定的保护更新类别以及相应的规划控制规定，作为开展建造工作的前提。

步骤 2 根据实际的建设需求和《导则》相应的设计技术要求（见本书空间景观建设行为指南和建筑风貌建设行为指南进行设计和施工。

一张图看懂空间景观管理程序

正常程序

需要进入正常程序的建设行为，指对古镇公共空间的主要街区、巷弄进行新增空间改变空间尺度，对特色节点进行新增构筑物雕塑绿化等，对桥、驳岸进行修建复建，对公共家具进行新增，对地面铺装地下管线新增或重设的行为。进入正常程序的建设行为，由古镇相关部门组织并提交完整的公共空间设计方案并且备案，在相关职能部门进行项目立项,之后通过上一级政府监管机构 *(含政府古镇管理职能部门、规划管理部门等)组织专家评审委员会 *,对方案设计进行评审，之后进入总体设计与施工设计评审，通过后方能进入施工阶段。由政府监管机构协同联合专家委员会定期监管，并在施工完成后进行验收评估。

* 以将来相应的管理办法为准。

快速程序

可以进入快速程序的建设行为，指对古镇公共空间的节点、特色节点、驳岸进行保养，对公共家具进行更换，对地面铺装局部进行修缮重铺的行为。

进入快速程序的建设行为，由古镇相关部门现场调研评估征询专家意见形成报告进行备案，并依据保护规划和导则的相关技术保护要求进行建设行为。施工期间古镇管理者联合专家，定期监管，并在施工完成后进行验收评估。

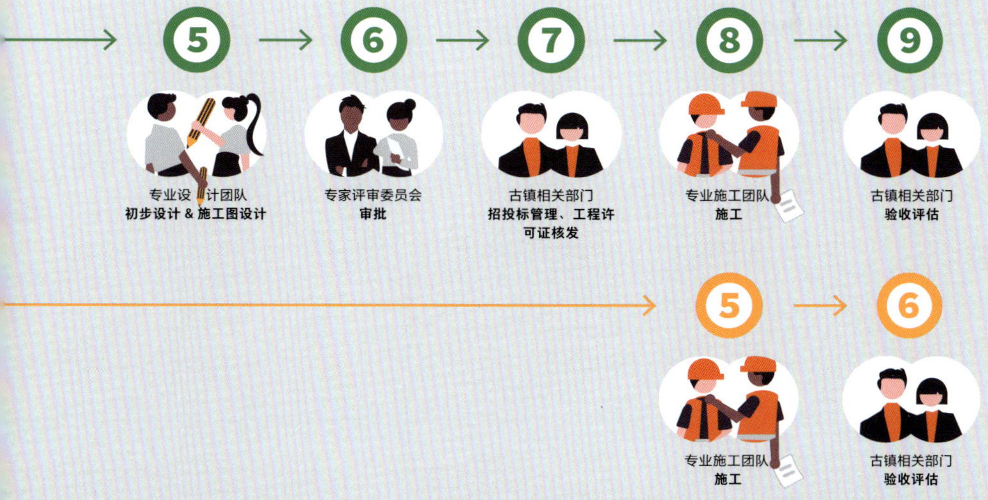

◎ 空间景观管理程序图

空间景观建设行为指南

空间景观建设行为一览表

空间景观设计与管理的对象	对应建设行为，选择相应的管理程序		设计导则所在页面
	正常程序	快速程序	
主街	· 改变主要街道 · 改变主街的铺装形式		262–279 页
巷弄	· 增加新巷弄 · 改变巷弄空间尺度（街宽、巷弄立面檐口高度及屋脊高度） · 改变巷弄的铺装形式		
特色空间节点		· 原位置同材料同工艺修复节点中地面铺装 · 原位置同材料同工艺修复节点中景观构筑物	
特色节点	· 在特色节点中增加新要素（如景观雕塑、绿化、构筑物等）	· 保养特色节点中的组成要素 · 原位置同材料同工艺修缮组成要素	
桥梁	· 复建或修缮桥梁	· 不改变外观，对屋顶瓦片替换、修补	280 页
驳岸	· 延续古镇驳岸特有的材料和工艺进行修缮或复原	· 原位置同材料同工艺修缮	282 页
店招与公共家具	· 规划增添片区公共家具方案设计	· 原位置更换公共家具	284 页
地面铺装	· 建造新的铺地 · 市政管网重新铺设	· 局部铺地的修缮与重铺	286 页

© 后市河花园

一张图看懂建筑风貌管理程序

正常程序

需要进入正常程序的建设行为，指对历史建筑的整体性修缮或复建，对建筑结构的加固或替换，对建筑立面或院落格局产生较大影响的行为。

进入正常程序的建设行为，需要提交完整的修缮设计或建筑设计方案，并通过政府监管机构（含政府古镇管理职能部门、规划管理部门等）组织专家评审委员会，对方案设计进行评审，之后进入总体设计与施工图设计评审，通过后方能进入施工阶段。

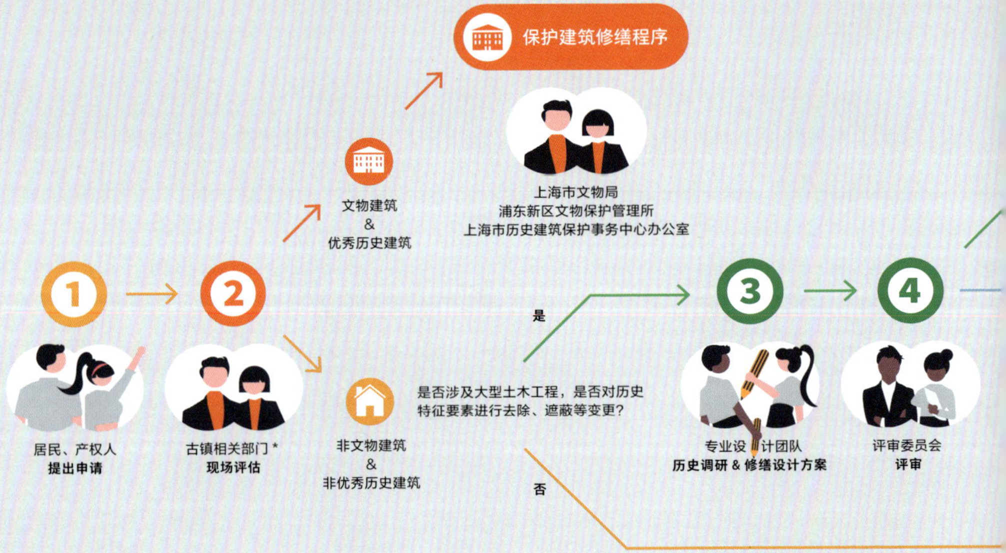

*以将来相应的管理办法为准。

简易程序

可以进入简易程序的建设行为，指对历史建筑的局部修缮、不影响建筑立面的门窗替换、不影响原结构状况的室内改造工程等。

进入简易程序的建设行为，需要提交完整的设计方案，并通过古镇管理职能部门组织的专家评审委员会，对方案和施工图进行评审，通过后方能进入施工阶段。

快速程序

可以进入快速程序的建设行为，指为改善生活基础条件而进行的必要工程、历史建筑的常规周期性保养维护，以及不影响建筑立面或院落格局的环境清理等行为。

进入快速程序的建设行为，需要向古镇管理职能部门提交备案，并应依据保护规划和导则的相关技术保护要求进行。

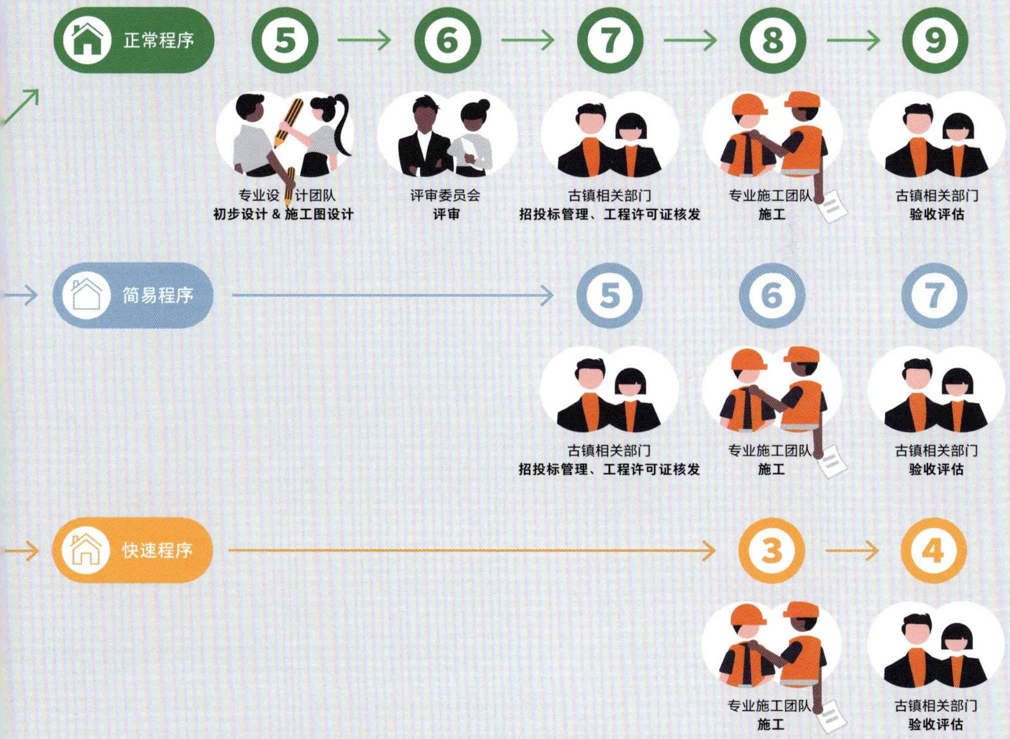

◎ 建筑风貌管理程序图

建筑风貌建设行为指南

建筑风貌建设行为一览表

建筑风貌设计与管理的对象	对应建设行为，选择相应的管理程序			设计导则所在页面
	正常程序	简易程序	快速程序	
院落格局	· 院落内的新改变，增加构筑物 · 墙体重砌 · 院落入口和朝向的改变	· 增加空调外机（注重遮挡方式） · 移除、拆除非法搭建、堆积物 · 增加生活功能空间（厨房、浴室或卫生间）	· 院内绿化（盆花）整饬，除草 · 清理不当广告招贴	298 页
木结构	· 主要结构构件如牌科、柱、梁、檩、枋的修复与更换	· 局部非承重的木结构构件的修复或替换 · 任何外部漆饰的覆盖与更新	· 清理不当广告招贴	302 页
沿街立面	· 改变立面的整体形式或外观，以及商住功能导致立面外观改变	· 立面门窗位置更动，不改变商住功能	· 局部砖块替换 · 屋顶的周期性保养维护 · 墙面的周期性保养维护	308 页
山墙	· 山墙拆除、移位、新建、更改	· 山墙面门窗位置的局部变动	· 局部砖块替换 · 墙头形式（马头墙、观音兜等）的周期性保养维护 · 墙面的周期性保养维护	316 页
屋面	· 对屋顶的落架、整体修复 · 对屋顶外观的改变，开窗 · 任何对屋面或屋顶轮廓的更改	· 不改变外观，对屋顶瓦片替换、修补	· 局部的瓦片替换 · 清理屋面杂草或垃圾	320 页
门窗	· 对立面影响较大的门窗变更	· 历史门窗进行封堵、更改 · 移除门窗原有的五金设备，如门把手 · 历史门窗的修复 · 门窗位置变动	· 铝合金材质窗户恢复为木窗 · 更换门窗玻璃	326 页
仪门	· 仪门的拆除、移位与新建 · 所有与原有仪门不匹配的重砌，如使用水泥砂浆	· 仪门门扇替换 · 仪门破损修补	· 清理不当广告招贴	332 页
垛头	· 垛头的拆除、移位与新建	· 依照同款样式在同一栋宅子复制		336 页
装饰纹样		· 新增装饰构件 · 室内外历史装饰构件的修缮、更换	· 对无彩画装饰构件进行保护性油饰及周期性保养维护	340 页
建筑材质与色彩	· 整体材料移除、替换 · 整体原色改变	· 整体损坏，原材料修补更新 · 整体损坏，原色修补更新	· 局部损坏，原材料修补 · 局部损坏，原色修复	342 页
店招与灯光		· 新增或替换原店招、装饰 · 新增或替换外部照明灯具		284 页
生活设施		· 新增或替换空调外机及机组外包 · 新增或替换太阳能		285 页

© 第一楼历史建筑

空间景观设计导则

空间景观设计控制要点

格局

古镇步行交通、河道、民居的空间格局。

尺度

现有街巷空间檐口高度与街区宽度。

地面材质

古镇特有的地面材质与铺装方式。

特色景观节点要素间的构成组合关系

现有节点空间中的建筑、桥、树木等要素，以及这些要素在公共空间中的构成空间组合关系。

空间景观设计控制原则

在风貌区内对空间景观进行的任何设计与建设活动，应当符合《保护规划》中的保护要求予以控制。

古镇现存的历史街巷、节点空间和河道的总体格局关系不应改变，具体包括：

(1) 保护由于历史沿革形成的不同区域的空间尺度的多样性。

(2) 保护空间系统中构成历史风貌的各种要素。

(3) 对于需要复原的历史空间，必须经过严格真实的历史考证，或依据控制细则中相关要求进行复原。

(4) 空间要素之间空间关系和视线可达性保持不变。

古镇空间分区及其特征

新场大街北段 新场大街在六灶港以北区域，自宋元以来一直是镇域发展的核心区，不同历史时期的空间在此叠加，经历代更新，原初肌理和建筑已不可寻，但却保留有较多晚清和近代民国时期的空间特征。

洪桥港、洪东街、洪西街 六灶港两岸，洪东街、洪西街区域是元明以来盐业运输、仓储的交通要道，保留有较早时期的空间尺度，也呈现出典型江南水乡滨水传统的“河道—商业建筑—街巷—宅院”格局。

新场大街中段 牌楼路和六灶港之间的新场大街两侧区域，是清代和民国盛期古镇发展的集中片区，聚集了当时大量的商贾大宅和历史遗迹。目前大部分建筑和空间形态基本保留历史状态，部分保留了“前街后河 - 跨河后花园”的典型宅院布局特色，是新场古镇风貌的重要展示片区。

包桥港两岸 是以前行号货栈聚集之处，因河设市、夹岸为街，上有廊棚遮蔽风雨，形成热闹的商贸运输街河，即民居—廊棚步道—河道—廊棚步道—民居的水乡格局。

新场大街段南段 包桥港以南区域在清代时期仍属于主要镇域，但晚清以后镇域有所收缩，发展逐渐边缘化。主要以普通民宅为主，多进院落有限。但也因发展缓慢，原有的历史肌理和建筑立面受干扰程度较小，基本保留了晚清时期历史风貌，呈现出典型的古镇与乡村过渡区域的特征。

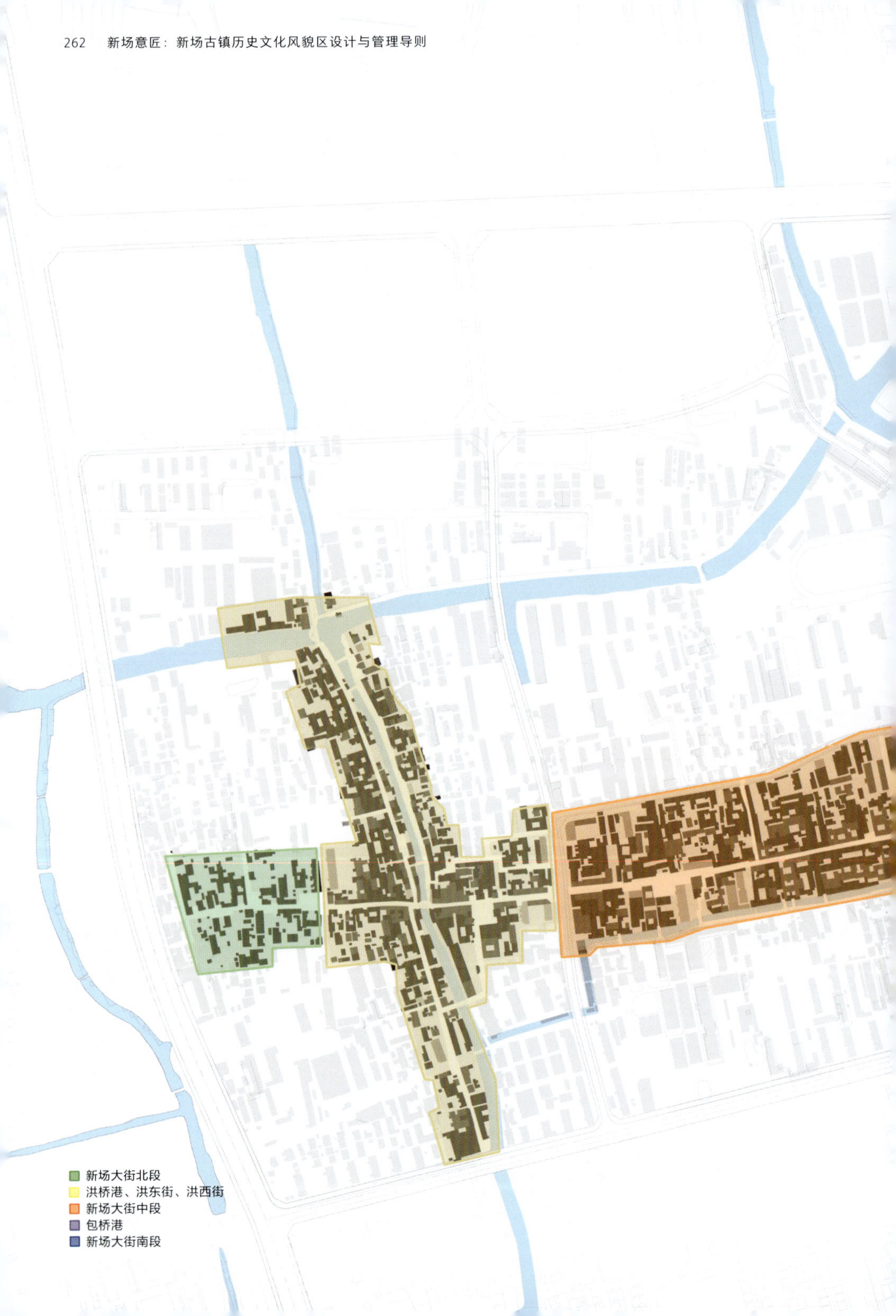
新场大街北段
洪桥港、洪东街、洪西街
新场大街中段
包桥港
新场大街南段

◎ 古镇空间特征分区图

新场大街北段

主街空间 - 新场大街北段

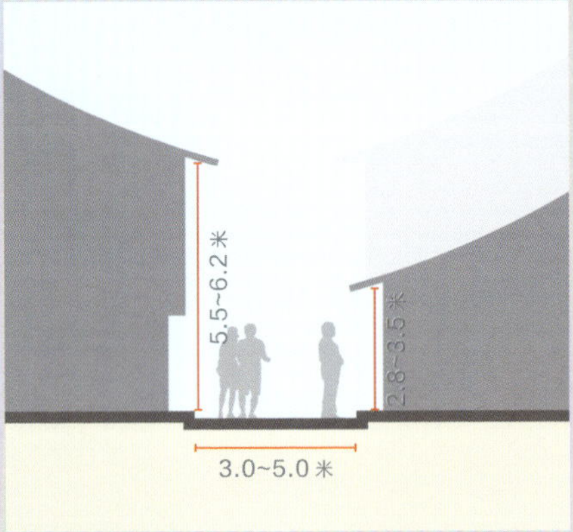

新场大街北段剖面示意图

新场大街北段街景

宽度在 3.0 ~ 5.0 米，一层檐口高度 2.8 ~ 3.5 米，二层檐口高度 5.5 ~ 6.2 米。沿街建筑一般设一级宽 0.4 米、高 0.15 ~ 0.17 米的条石阶。

巷弄空间 - 山墙间巷弄

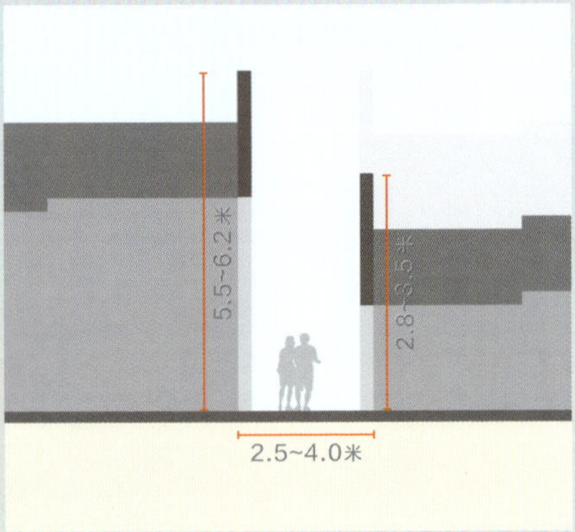

巷弄剖面简图

巷弄街景

巷弄宽度在 2.5 ~ 4.0 米，一层建筑檐口高度在 2.8 ~ 3.5 米，二层建筑檐口高度在 5.5 ~ 6.2 米。

* 在对空间景观进行的任何设计与建设活动时，应当符合《保护规划》中对风貌保护街巷、保护河道等的规划控制规定。

景观节点 – 仪门花园：吴仁勇宅仪门节点

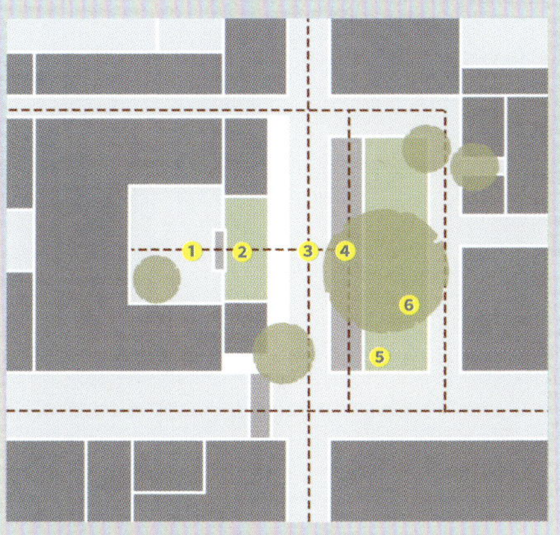

仪门花园节点平面简图

仪门花园节点平面简图

❶ 吴仁勇宅仪门 ❷ 开放空间 ❸ 新场大街 ❹ 休息廊亭 ❺ 绿地 ❻ 乔木

该仪门花园节点包括吴仁勇宅仪门空间和街对面休息廊亭街角公共空间两部分，是该院落原第一进空间破坏后形成的节点空间。空间关系中主要由原先第二进的仪门、采用传统条石与青砖铺装的地面和两侧的围合界面组成。廊亭空间由木制廊亭形成的停留休憩空间、古树和周边街角花园组成。整组节点东西向长度约 21 米，南北向长度在仪门空间部分长 6.8 米，廊亭部分长 24 米。

洪桥港段

主街空间 - 洪东街

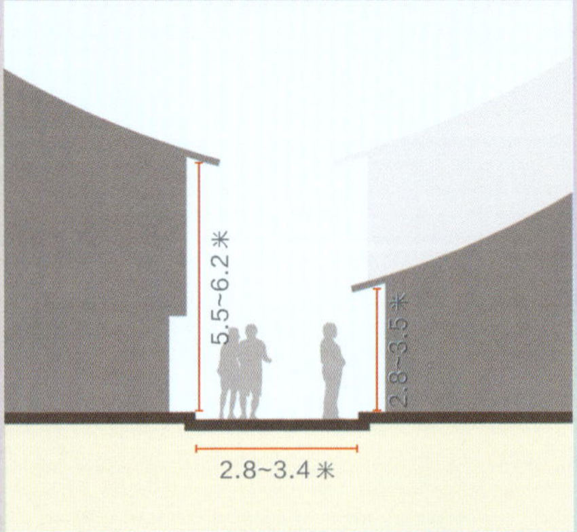

洪东街剖面简图

洪东街主街街景

宽度在 2.8 ~ 3.4 米；沿街建筑以二层为主，檐口高度在 5.5 ~ 6.2 米，局部一层建筑檐口高度在 2.8 ~ 3.5 米。

主街空间 - 洪西街

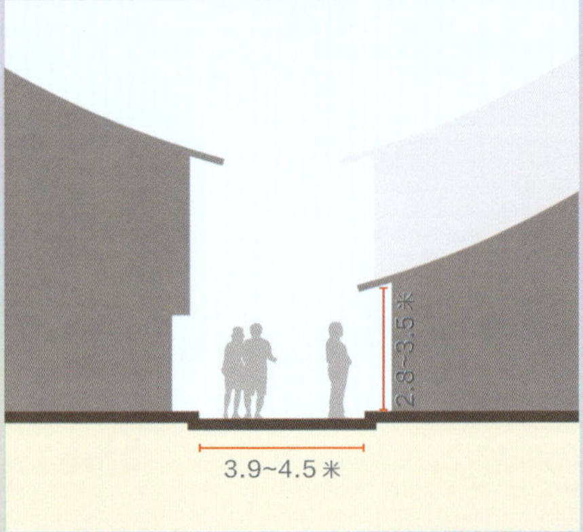

洪西街剖面简图

洪西街主街街景

宽度在 3.9 ~ 4.5 米；沿街建筑主要以一层为主，檐口高度在 2.8 ~ 3.5 米。

* 在对空间景观进行的任何设计与建设活动时，应当符合《保护规划》中对风貌保护街巷、保护河道等的规划控制规定。

沿河立面—下塘街

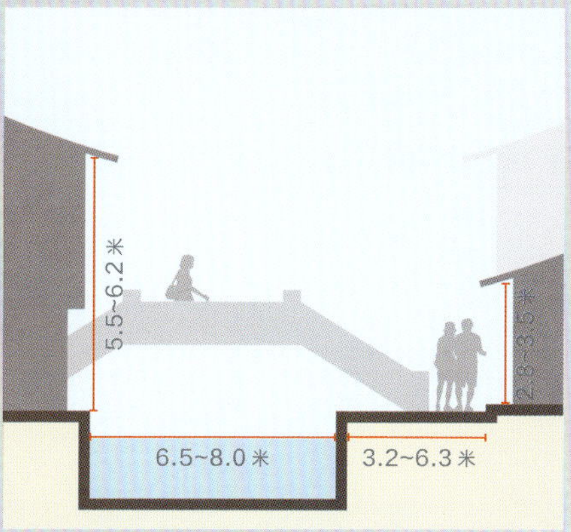

洪桥港河道空间剖面简图

洪桥港河道实景

河道宽度在 6.5 ~ 8.0 米，街道宽度 3.2 ~ 6.3 米。沿河二层建筑檐口高度在 5.5 ~ 6.2 米，一层建筑檐口高度在 2.8 ~ 3.5 米。

巷弄空间—山墙间巷弄

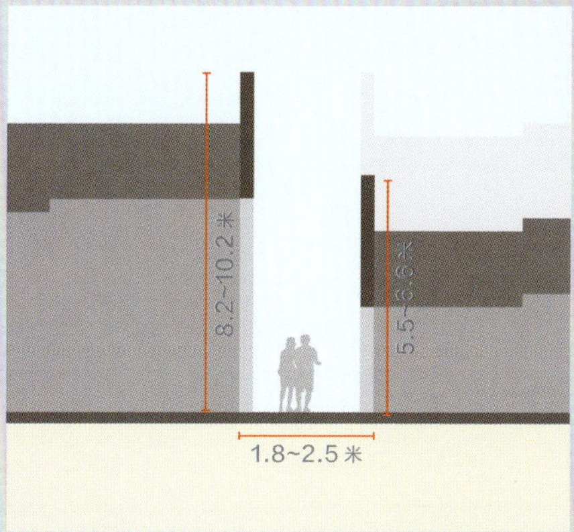

巷弄剖面简图

巷弄街景

宽度在 1.8 ~ 2.5 米；山墙两层高度 8.2 ~ 10.2 米，一层 5.5 ~ 6.6 米。

洪桥港段

景观节点 － 花行小亭：洪西街节点 1

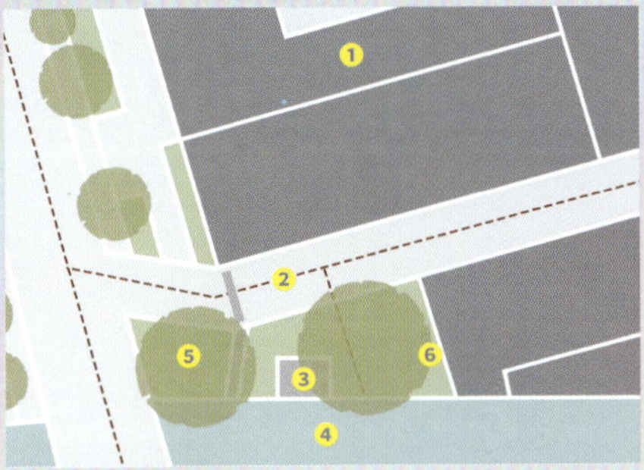

花行小亭节点平面简图

花行小亭节点航拍图

❶ 叶氏花行 ❷ 洪西街 ❸ 六角亭 ❹ 洪桥港 ❺ 香樟树
❻ 灌木

古镇西面新奉路上进洪西街入口处，叶氏花行的马头墙与六角小亭共同构成古镇的西入口空间。

景观节点 － 洪西花境：洪西街节点 2

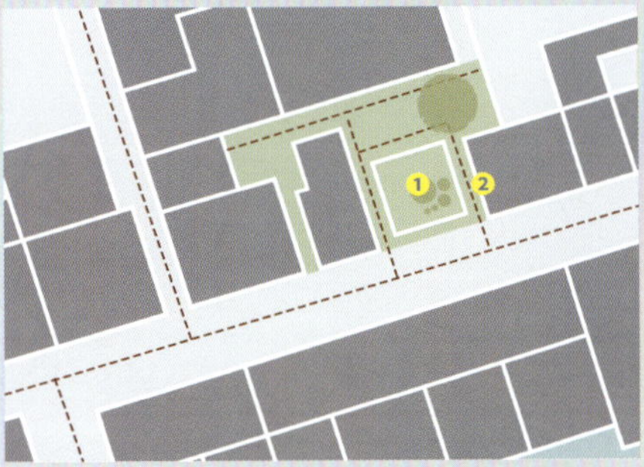

洪西花境节点平面简图

洪西花境节点航拍图

❶ 街头绿地 ❷ 穿斗山墙

洪西街与张叶弄交接处形成的小型开敞空间，由典型的穿斗山墙形成的空间界面，围合形成街头花园。

* 在对空间景观进行的任何设计与建设活动时，应当符合《保护规划》中对风貌保护街巷、保护河道等的规划控制规定。

景观节点 - 桥畔书音：洪福桥节点

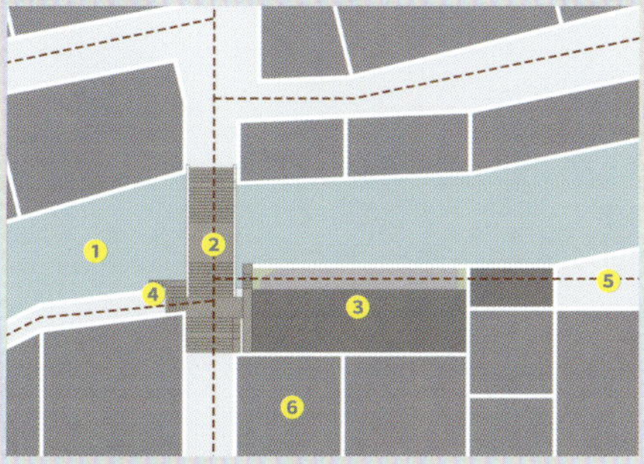

桥畔书音节点平面简图

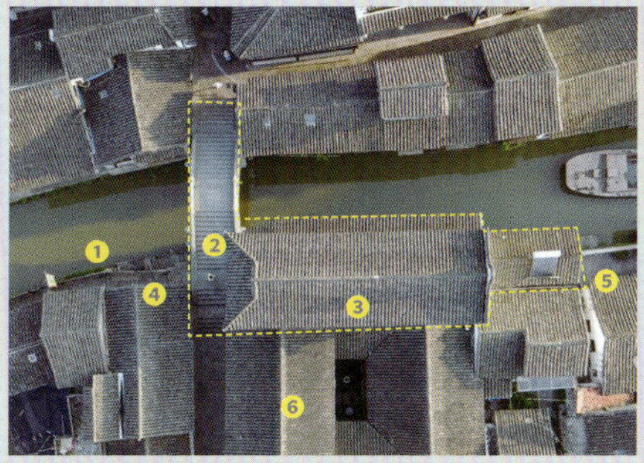

桥畔书音节点航拍图

❶ 洪桥港 ❷ 洪福桥 ❸ 第一楼书场 ❹ 桥岸码头
❺ 下塘街 ❻ 周边建筑群

新场大街上的洪福桥跨洪桥港，北岸连接洪西街、洪东街形成桥头节点，也是重要的步行节点。

景观节点 - 奚家东厅：洪东街节点

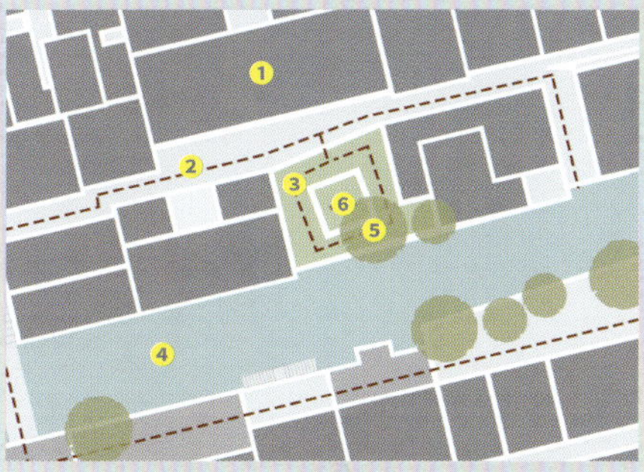

奚家东厅节点平面简图

奚家东厅节点航拍图

❶ 奚家厅 ❷ 洪东街 ❸ 开敞空间 ❹ 洪桥港 ❺ 乔木
❻ 雕塑

奚家东厅沿洪东街入口处的开敞空间，并一直延伸到洪桥港。

洪桥港段

景观节点 － 贾街繁华：洪桥港下塘街节点

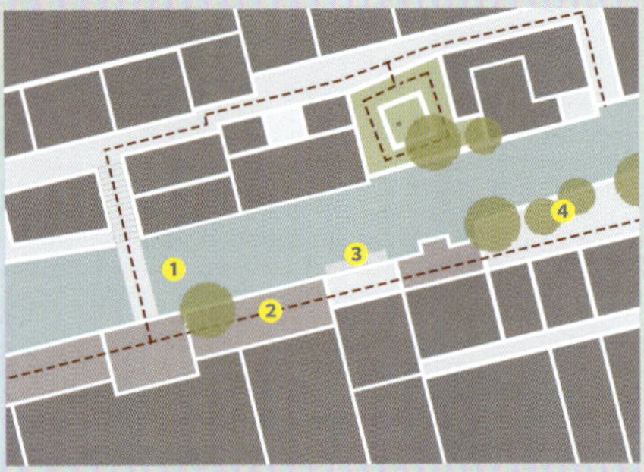

贾街繁华节点平面简图

贾街繁华节点航拍图

❶ 洪桥港 ❷ 风雨连廊 ❸ 河岸石码头（马鞍水桥）❹ 乔木

下塘街的风雨连廊区域成为可停留休憩的河岸空间，与条石驳岸、河岸石码头（马鞍水桥）、树木共同形成水乡特色空间。

景观节点 － 千秋夜月：三桥节点

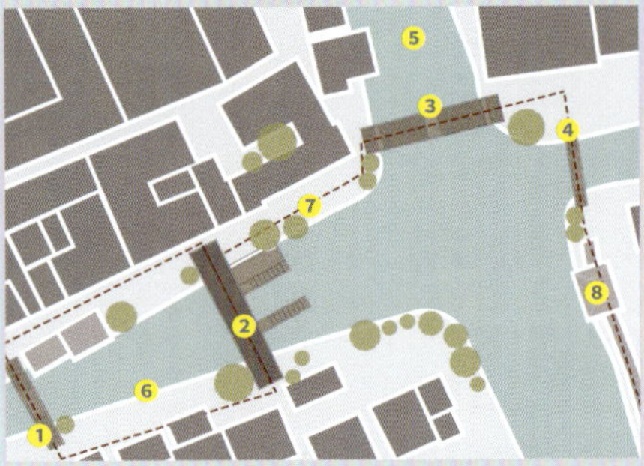

千秋夜月节点平面简图

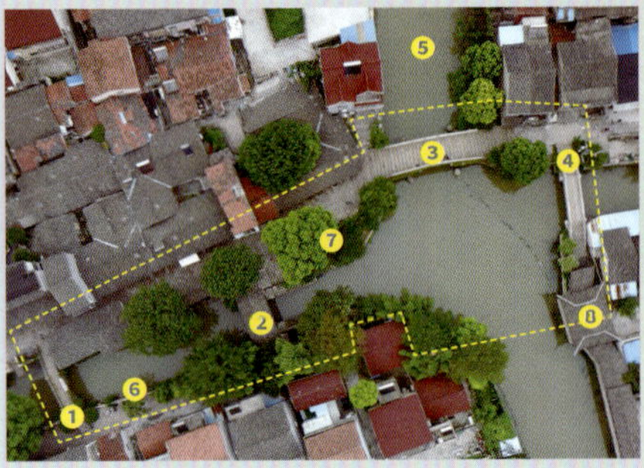

千秋夜月节点航拍图

❶ 青龙桥 ❷ 邀月桥 ❸ 千秋桥 ❹ 城隍庙桥 ❺ 东横港 ❻ 洪桥港 ❼ 乔木 ❽ 木质风雨连廊

千秋桥是新场十景之一“千秋夜月”的主景，是唯一保留较完整的历史空间节点。千秋桥与城隍庙桥遥相呼应，水面开阔，岸上行植大树。

* 在对空间景观进行的任何设计与建设活动时，应当符合《保护规划》中对风貌保护街巷、保护河道等的规划控制规定。

新场大街中段

主街空间 - 新场大街中段

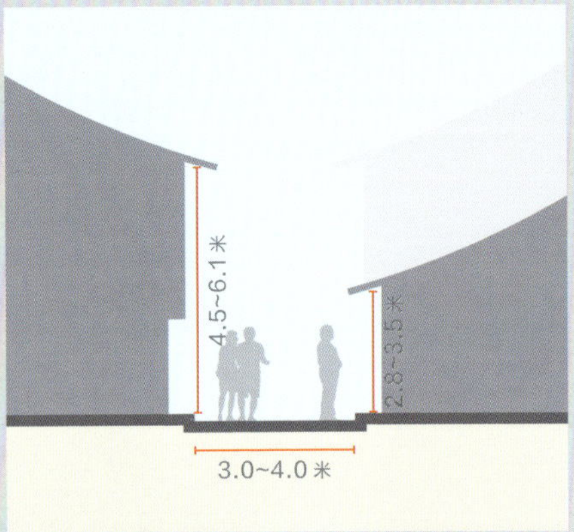

新场大街中段剖面简图

新场大街中段主街街景

宽度在 3.0 ~ 4.0 米；一层檐口高度在 2.8 ~ 3.5 米，二层檐口高度在 4.5 ~ 6.1 米。主街立面有一阶宽 0.4 米、高 0.15 ~ 0.17 米的条石阶梯，高宽比例控制在（0.7:1）~（1.2:1）。

巷弄空间 - 山墙间巷弄

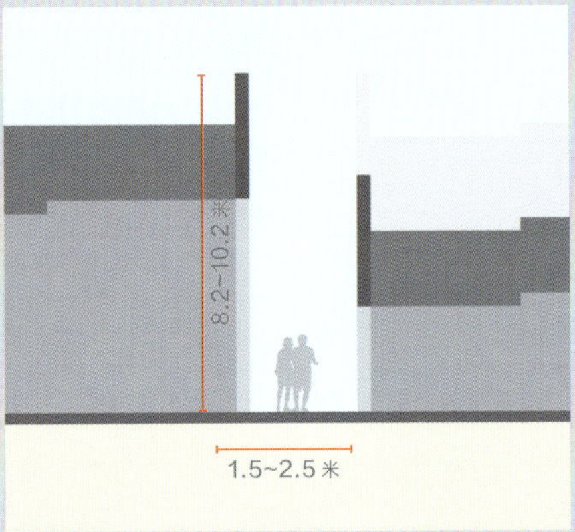

巷弄剖面简图

巷弄街景

宽度在 1.2 ~ 2.5 米；山墙两层高度 8.2 ~ 10.2 米。

* 在对空间景观进行的任何设计与建设活动时，应当符合《保护规划》中对风貌保护街巷、保护河道等的规划控制规定。

沿河立面

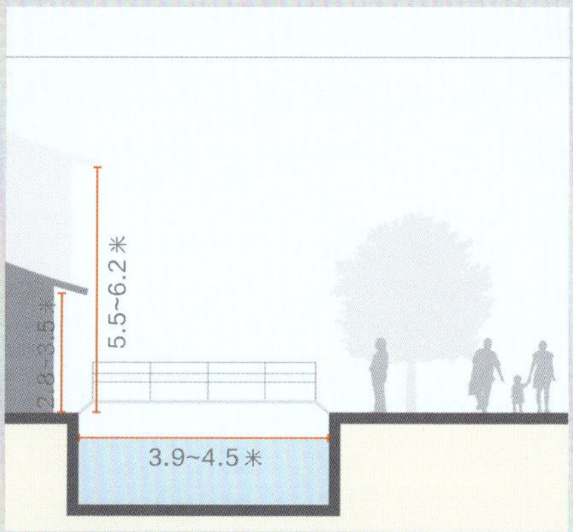

后市河河道空间简图

后市河河道空间实景

沿河立面一层檐口高度在 2.8 ~ 3.5 米，二层檐口高度在 5.5 ~ 6.2 米。

新场大街中段

景观节点 – 三世二品：三世二品坊节点

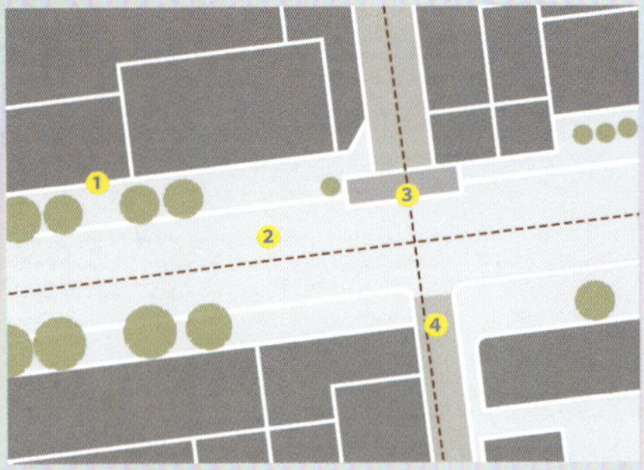

三世二品节点平面简图

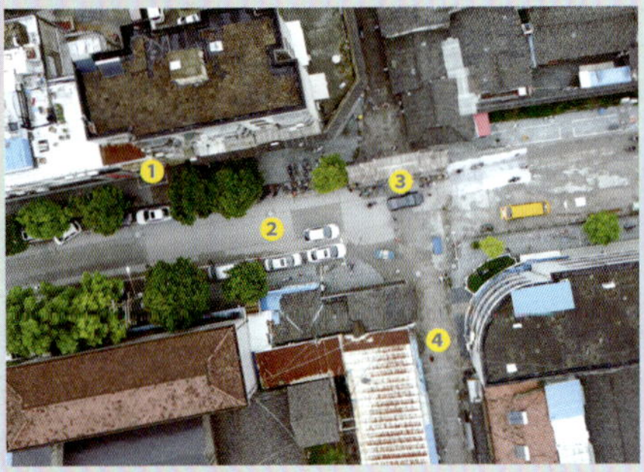

三世二品节点航拍图

❶ 临街民居建筑立面 ❷ 新场大街主街区 ❸ 牌坊 ❹ 街巷地面铺装

新场大街与东西向牌楼西楼交接处，将新场大街中段分隔成南北部分，成为一个过渡的空间，由古镇热闹市集区过渡至古镇文化展示区域。

景观节点—券窗树影：新场大街节点

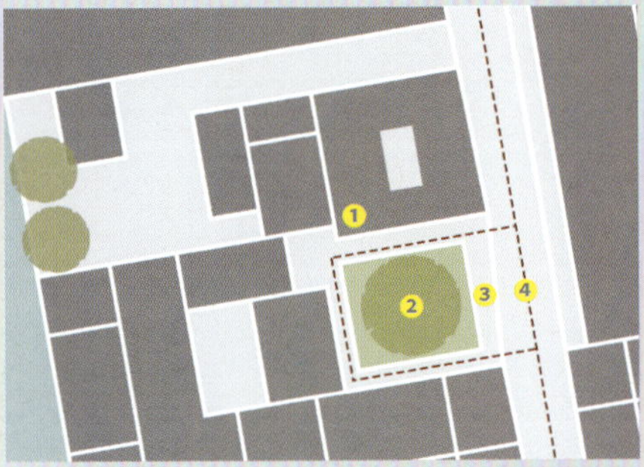

券窗树影节点平面简图

券窗树影节点航拍图

❶ 民居建筑立面重要组成元素：窗、门 ❷ 绿植：观赏性乔木——松树、桂花树 ❸ 石凳 ❹ 空间地面铺装与街巷地面铺装

中西结合的山墙面与可停留的绿化空间，白墙绿树相映成趣，是具有古镇市集风情的场所。

* 在对空间景观进行的任何设计与建设活动时，应当符合《保护规划》中对风貌保护街巷、保护河道等的规划控制规定

景观节点 - 后市秘境：俞家弄后市河节点

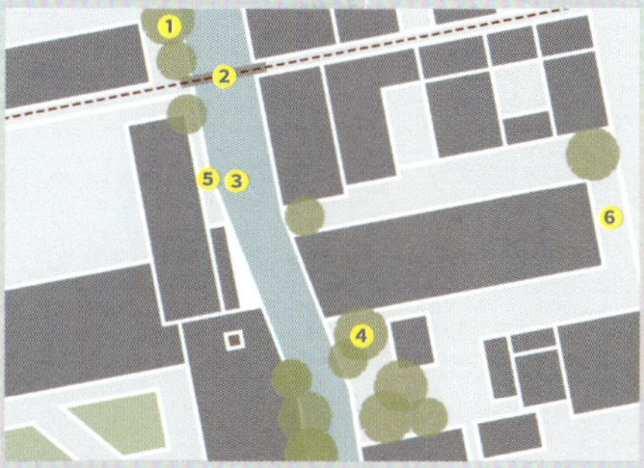

后市秘境节点平面简图

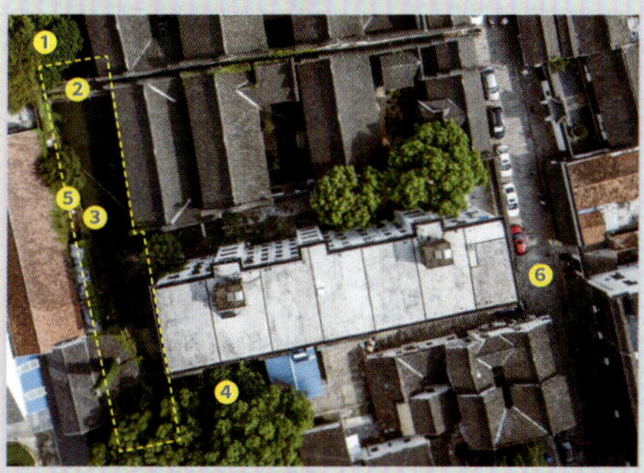

后市秘境节点航拍图

❶ 乔木（水杉） ❷ 树下石板桥 ❸ 后市河 ❹ 岸边空地
❺ 河对岸爬藤植物包裹的建筑立面 ❻ 街巷地面铺装

由后市河、街巷、岸边空地、树下石板桥、乔木构成的节点空间，从树下石板桥往北侧的视线中，有被绿植包裹的建筑立面，最远处有高耸的水杉、石板桥、古镇山墙面，构成了一处安静别致的古镇景观。

包桥港段

主街空间 - 包桥港下塘街

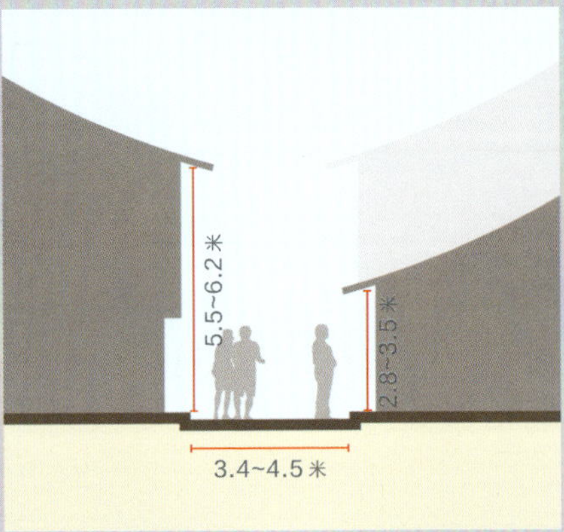

下塘街剖面简图

下塘街主街街景

主街宽度在 3.4 ~ 4.5 米；一层檐口高度在 2.8 ~ 3.5 米，二层檐口高度在 5.5 ~ 6.2 米；主街立面有一阶宽 0.4 米，高 0.15 ~ 0.17 米的条石阶梯。

沿河立面

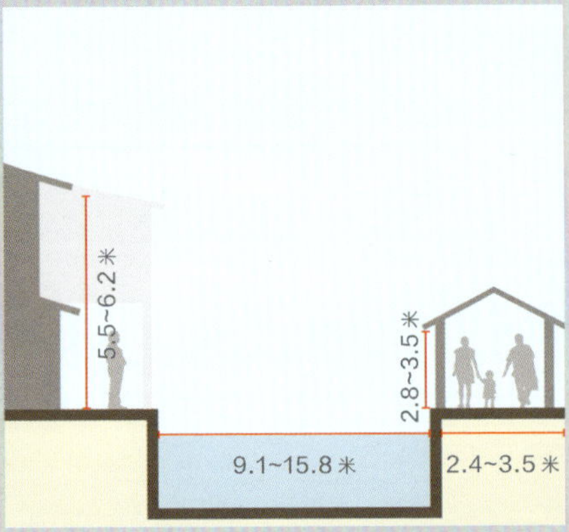

包桥港河道空间剖面简图

包桥港河道空间实景

河道宽度在 9.1 ~ 15.8 米，沿河街道宽度在 2.4 ~ 3.5 米，沿河立面一层檐口高度在 2.8 ~ 3.5 米，二层檐口高度在 5.5 ~ 6.2 米。

* 在对空间景观进行的任何设计与建设活动时，应当符合《保护规划》中对风貌保护街巷、保护河道等的规划控制规定。

景观节点 - 石笋新里：石笋里牌坊节点

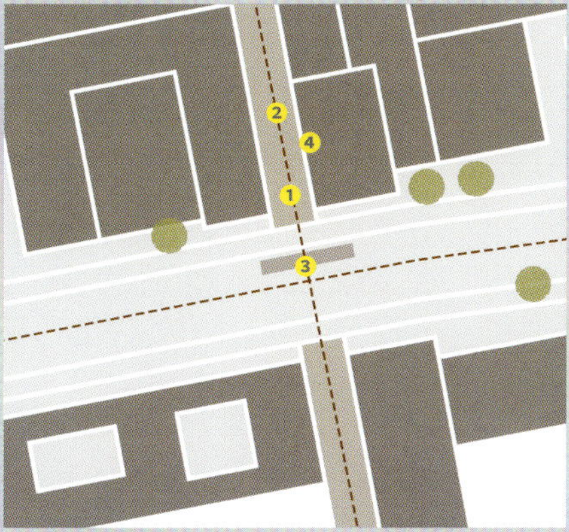

石笋新里节点平面简图

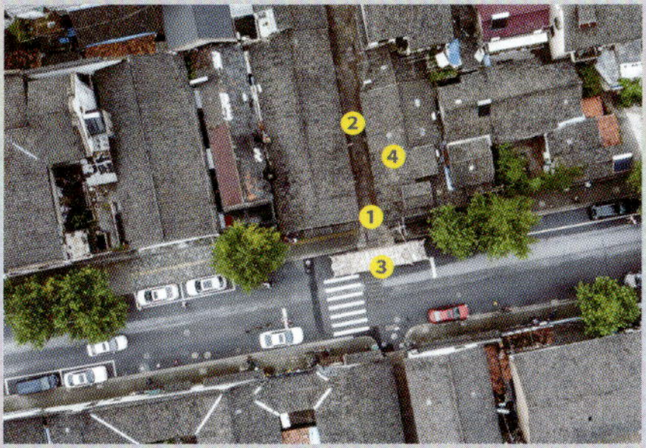

石笋新里节点航拍图

❶ 新场大街主街区 ❷ 街巷地面铺装 ❸ 牌坊 ❹ 临街民居建筑立面

渐渐过渡至新场大街南端，热闹的商业区与安静的古镇生活区的分界点。

景观节点 - 夕曛包桥：包桥港下塘街节点

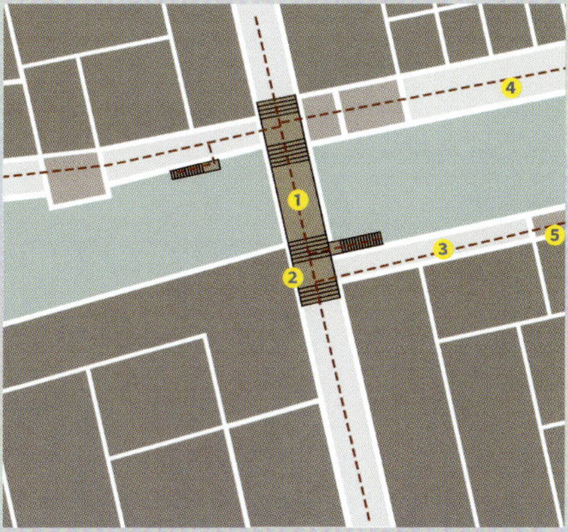

夕曛包桥港节点平面简图

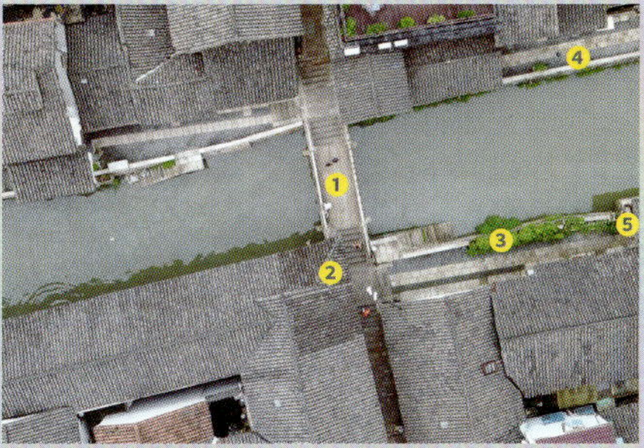

夕曛包桥港节点航拍图

❶ 包家桥 ❷ 民居建筑细部 ❸ 地面铺装 ❹ 石驳岸 ❺ 滨水连廊

青石板垒砌的单跨梯形包家桥，跨河连接两端的街道与河道驳岸。民居建筑屋顶的屋脊与建筑立面相互呼应。凸出的廊桥部分，增加立面层次感。条石板、青砖，不同的材质丰富驳岸质感。条石与青砖的地面质感对应石驳岸，整体质感相互协调。

新场大街南段

主街空间 - 新场大街南段

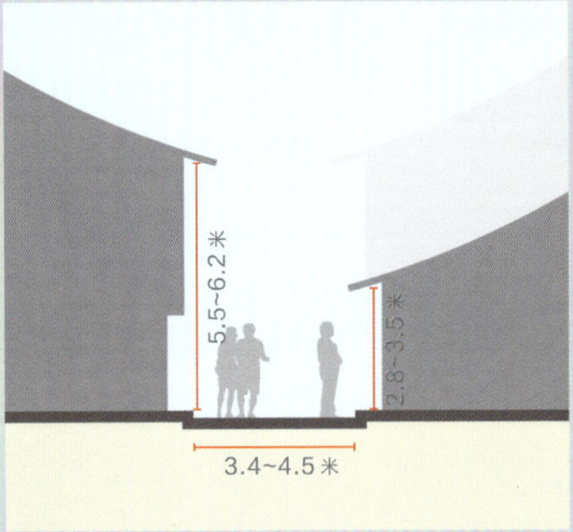

新场大街南段剖面简图

新场大街南段主街街景

宽度在 3.4 ~ 4.5 米；一层檐口高度在 2.8 ~ 3.5 米，二层檐口高度在 5.5 ~ 6.2 米；主街立面有一阶宽 0.4 米，高 0.15 ~ 0.17 米条石阶梯。新场大街南段沿街建筑主要以一层为主，局部二层。

巷弄空间 - 山墙间巷弄

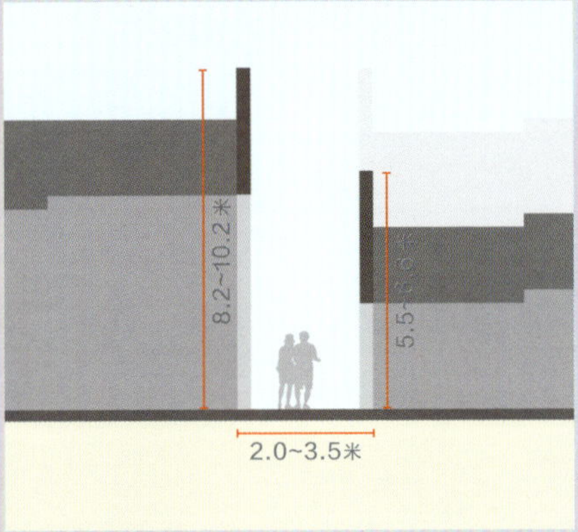

巷弄剖面简图

巷弄街景

宽度在 2.0 ~ 3.5 米；山墙两层高度 8.2 ~ 10.2 米，一层高度 5.5 ~ 6.6 米。

* 在对空间景观进行的任何设计与建设活动时，应当符合《保护规划》中对风貌保护街巷、保护河道等的规划控制规定。

沿河立面

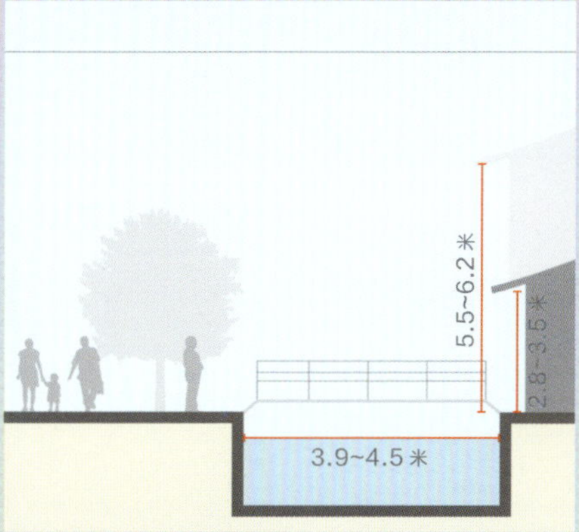

后市河河道空间剖面简图

新场大街南段河道

河道宽度在 3.9 ~ 4.5 米，一层檐口高度在 2.8 ~ 3.5 米，二层檐口高度在 5.5 ~ 6.2 米。

景观节点 - 南山雪霁：南山坊节点

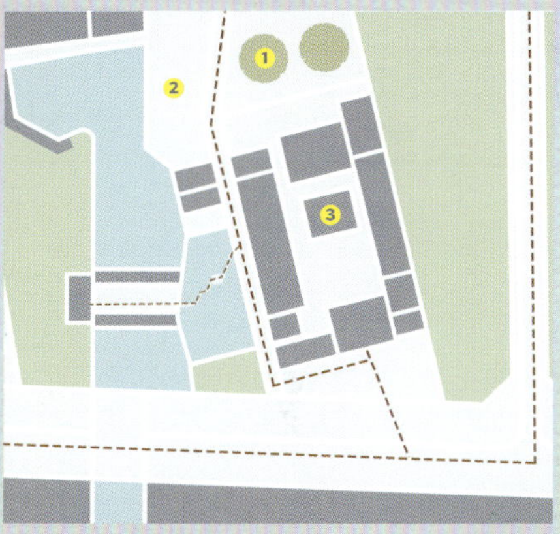

南山雪霁节点平面简图

南山雪霁节点航拍图

❶ 百年银杏 ❷ 牌坊 ❸ 南山寺建筑

南山坊位于新场大街最南端，从古镇生活区域过渡至古寺的禅意空间。风格简朴、尺度合宜。牌坊与银杏位于在新场古镇南端出入口，相依百年，高低错落。两者构成的空间肃穆而不失亲和。修复过的古寺，尺度略大，山墙形式与古镇既有形式有所不同。

其他空间景观要素的设计引导

桥梁

设计原则

- 根据历史考证，进行桥梁的复原与修缮。
- 新修桥梁应遵循其历史位置实际跨度进行样式选型。
- 应使用历史考证的材料与工艺进行复原、修缮、新建。

控制要求

梯形平板石桥

主要分布在洪桥港，连接次要步行交通。桥面宽度需控制在 3.0 ~ 4.0 米；桥洞宽度控制 4.0 ~ 5.0 米，保证两艘游船同时并行通过；桥高度离地面在 1.50 ~ 2.25 米。桥身与栏杆的立柱选用石材，立柱间的栏杆为木质。

平板石桥

主要分布在后市河，与宅院相连，跨河通往后花园，有时会与马鞍水桥相连；与地面直接连接，无阶梯。桥面宽度控制在 0.9 米；桥长以河面宽度为准。

单跨石拱桥

主要分布在洪桥港和包桥港，连接主要步行交通。尺度控制要求与材质要求同梯形平板石桥。

* 在对空间景观进行的任何设计与建设活动时，应当符合《保护规划》中对风貌保护街巷、保护河道等的规划控制规定。

示范案例

正确示例	错误示例

○ 材料与样式，选用石材并用传统石桥工艺进行修缮。

× 使用混凝土栏杆。

驳岸

设计原则

· 依据历史遗存考证进行驳岸的复原与修缮。

· 对现有保存较好的古石驳岸进行保护。

· 新修驳岸应遵循其位置上的历史样式材料与工艺实施。

控制要求

条石驳岸

主要分布在后市河东岸，洪桥港、包桥港；条石切面长宽约0.15 米 × 0.30 米，整石长 0.9 ~ 1.8 米；以无缝错拼嵌合砌筑。

条石勾缝驳岸

主要分布在洪桥与包桥附近。

* 在对空间景观进行的任何设计与建设活动时，应当符合《保护规划》中对风貌保护街巷、保护河道等的规划控制规定。

示范案例

正确示例	错误示例

○ 材料与样式，选用石材并用传统驳岸工艺进行复原、修缮、新建。

× 使用不规则的砖作驳岸。

店招与公共家具

设计原则

· 符合古镇风貌的材质、颜色，使用传统书法字体。

· 景观家具与古镇风貌融合并呼应。色彩和谐，材质统一。

示范案例

正确示例

错误示例

○ 木质店招，与古镇协调的色系，店招面板做旧，手写字体，字体有凹凸感。

○ 招牌、招贴色彩与环境相协调，均为木制；使用木质与竹制的座椅。

○ 整体色系统一协调，材质与古镇建筑相互呼应。

× 玻璃上招贴店面过于简陋。

× 彩旗过于低俗，颜色与古镇调性不符合。

× LED 灯箱简陋，不符合古镇调性。

× 欧式风格招贴不符合古镇调性。

空调机组

设计原则

- 不应在主要道路的沿街展示面放置空调外机。
- 现有暴露在主要沿街展示面的空调外机，应根据实际用户情况，移至非主要展示面外置；如无法移动，必须使用与古镇风貌的材质、样式、颜色协调的方式对外露的空调机组进行景观包装与遮掩，包装的色彩应与所在墙面色彩保持一致。

示范案例

正确示例

错误示例

* 在对空间景观进行的任何设计与建设活动时，应当符合《保护规划》中对建筑保护与更新的规划控制规定。

地面铺装

主街空间、河岸步道空间的地面材质与拼法

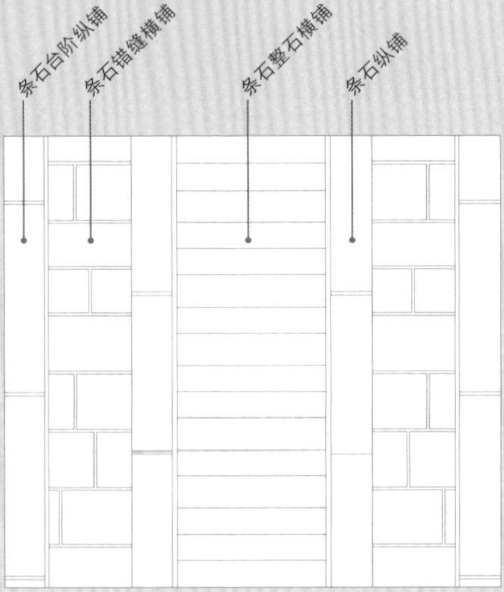

新场大街主街空间地面铺装示意

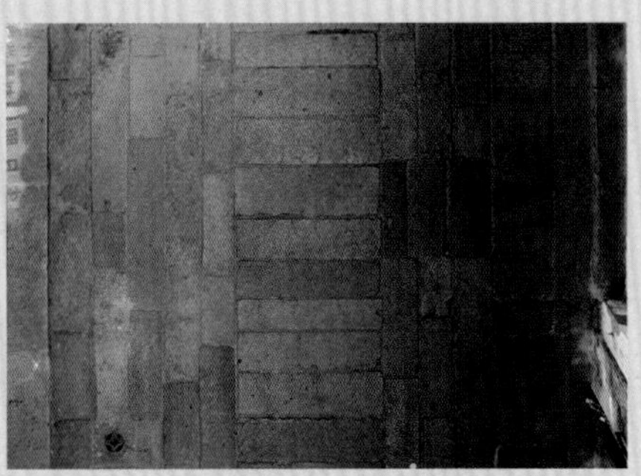

新场大街主街空间地面铺装实景

巷弄空间地面材质与拼法

主要以石条、宽石条、不规则石板为中间段。根据巷弄的宽度，中间段占据巷弄宽度的30% ~ 50%；两侧以卵石为主。

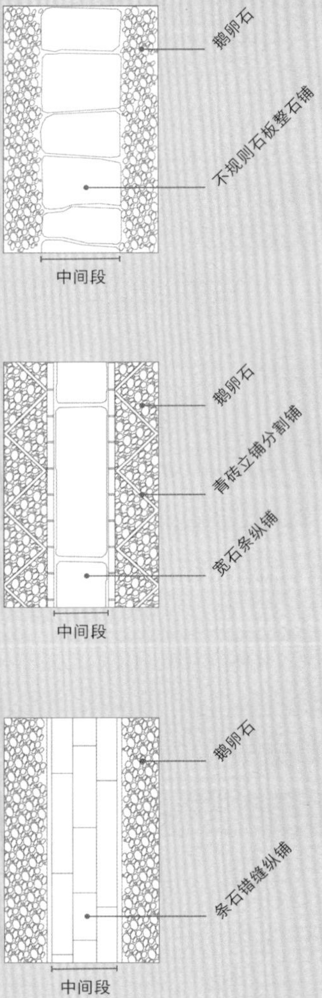

巷弄空间地面铺装示意

节点空间地面材质与拼法

以文化小品为主的地面铺地，与周边建筑或河道交接处，使用条石沿着建筑、河道、道路边沿错缝横铺；节点中部使用自然面弹石对缝整铺，节点空间地面铺装弹石与条石的面积比例为1:1。

节点空间以绿植景观为主的地面铺地，使用传统的地面材质，以绿植景观节点为中心，围合式向中心铺，地面材质拼法如图示意。

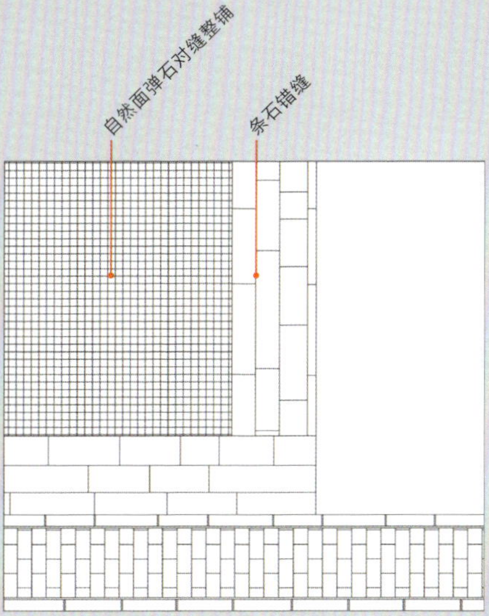

洪东街节点地面铺装示意

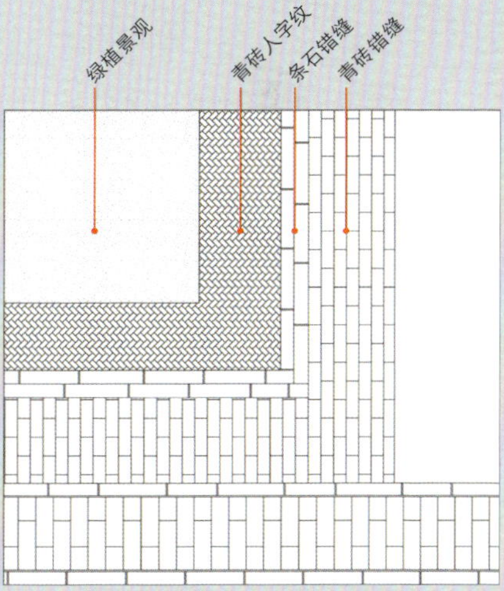

新场大街节点地面铺装示意

洪东街节点地面铺装实景

新场大街节点地面铺装实景

* 在对空间景观进行的任何设计与建设活动时，应当符合《保护规划》中对风貌保护街巷、保护河道等的规划控制规定。

建筑风貌设计导则

建筑控制分类引导

管理引导

保护建筑对应的技术措施为“管理引导”，主要通过对保护修缮流程的严格管理达到控制风貌的目的。遵循既有的相关法定保护管理技术规定，严格依法向对应主管部门进行申报评议审批和施工，确保建筑的历史风貌得到科学修复。

文物保护单位和优秀历史建筑本身以及在其保护范围内进行的任何建设活动，应当符合《中华人民共和国文物保护法》和《上海市历史文化风貌区和优秀历史建筑保护条例》相关条款的规定。

◎ 建筑管理引导索引图

修缮设计引导

保留建筑、一般历史建筑甲等和一般历史建筑乙等在《保护规划》中都是历史风貌的重要组成部分，也是古镇风貌构成的主体，所以这三类建筑是本导则重点控制的对象。尽管《保护规划》对风貌保护的具体要求略有所不同，但对修缮、维修均有风貌协调的要求。所以《导则》对于保留建筑、一般历史建筑甲等、一般历史建筑乙等和需要按照传统样式复建的建筑进行统一的技术管理，其技术措施统一为修缮引导。

◎ 建筑修缮设计引导索引图

整治设计引导

在保护古镇整体风貌的前提下，《导则》对于风貌协调且质量好的其他保留、整治建筑，使用的技术措施均统一为“整治设计引导”，对建筑材质与色彩、屋顶形式、减层、局部拆除等整治措施进行设计引导。

◎ 建筑整治设计引导索引图

新建设计引导

由于风貌区内应当拆除的建筑在近期内并没有实现的现实条件，而且大部分其他类建筑的体量较大，所以不建议一定要改造成传统样式。同时，基于保持新场古镇生活活力的考量，在保护古镇整体风貌的前提下，《导则》对于部分应当拆除建筑（指短期内难以拆除，但需要进行整治的、应当拆除的建筑）、其他建筑和新建建筑的技术措施均统一为“新建设计引导”。

◎ 建筑新建设计引导索引图

修缮设计引导

针对保留历史建筑、一般历史建筑甲等、一般历史建筑乙等和需要按照传统样式进行修复的建筑，参照修缮引导总则与修缮引导的技术控制要点，采用风貌控制的技术措施。

修缮引导总则

第一　制定技术方案应根据“建筑控制分类引导”、特征描述、控制要点和控制细则，针对重点保护部位等具体情况，基于所需材料特性与其损坏肌理的现状研究。

第二　对于保存与修复的任何材料和工艺，都应进行针对其特定使用条件、特定性能和使用期的检测，并在修复建筑上进行小样实验后才可实施。

第三　雕塑、雕刻及纹样等有艺术造型的构筑物，需用同样材料、工艺制作等比例缩放的小样模型，确定后才可实施。

第四　所有修缮、整治与改造的材料，应具备无害性、可行性和有效性。

第五　不得改变、遮盖和损害历史院落的特征要素与重点保护部位。材料和结构应在保持风貌特征的前提下，进行修、整、改及加固，以满足保护目的和使用功能的需要。

第六　在院落修缮后，应对其进行定期勘察，复查是否有更改、损害、破坏的行为。如有，应依照条例进行考惩。

第七　进行周期性维护。

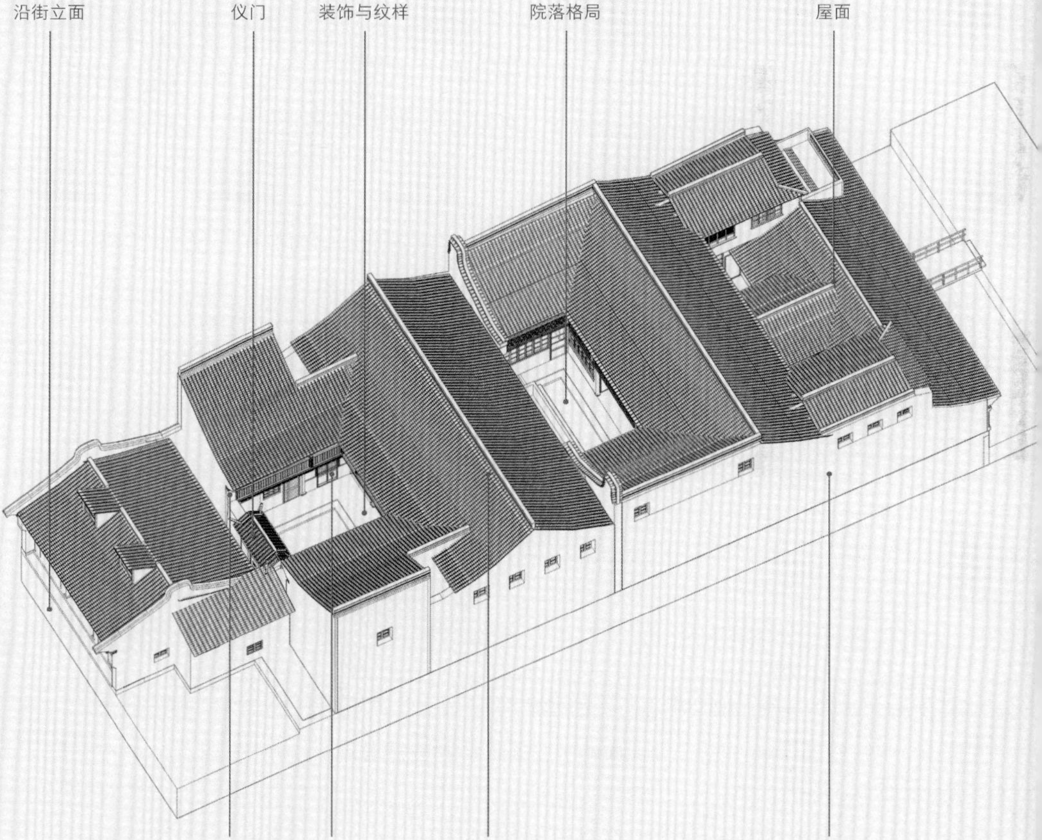

◎ 修缮引导的技术控制要点

院落格局

院落格局特征描述

院落是新场古镇民居建筑典型的构成单元，保持了传统院落的组织方式——主要院落沿纵向展开的格局序列，出现了从一进至七进不等的多进院落和组合型院落格局。由于历史原因，部分院落格局的完整性和历史空间系统受到破坏。

院落格局控制要素

边界：保护 / 还原院落历史边界的完整。

格局：保护 / 还原院落组合秩序和格局。

尺度：保护 / 还原院落内传统空间尺度。

历史动线：保护 / 还原院落的主次入口位置及历史流线的完整性。

院落格局控制原则

· 依据对历史遗存院落空间格局的考证进行修缮。

· 依据建筑控制分类引导，严格控制院落空间的边界和格局。

· 依据建筑控制分类引导，复原院落空间的历史格局。

· 对格局破坏严重，无法考证、无法辨别，但具有重要历史意义的院落空间，应依据控制细则中有关规定制定设计方案。

院落格局控制细则

一进院落

一般为三开间。主入口一般从正门进入，建筑流线较为简单。

两进院落

一般为三开间。临街时，一般从侧间进入，也有从正间直接进入的。建筑流线比较简单。第一进内院正屋为一至二层，第二进一般为一层。

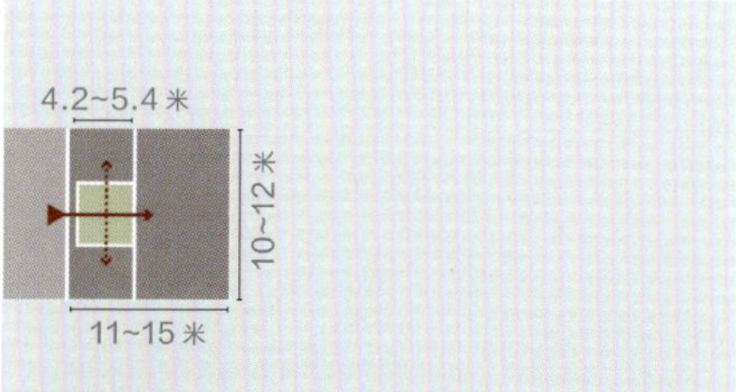

一进院落格局

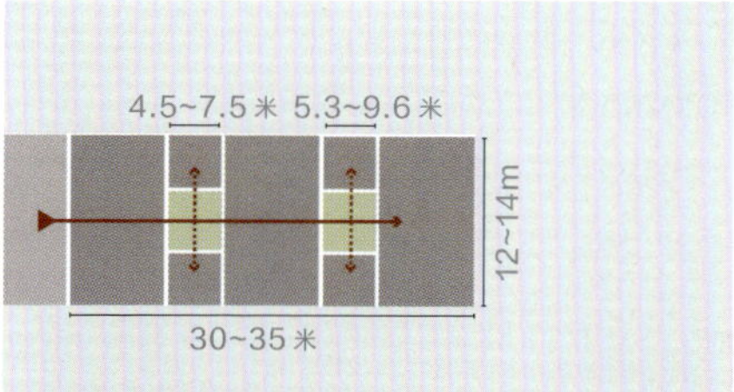

两进院落格局

一进院落鸟瞰图

二进院落鸟瞰图

三进及多进院落

建筑一般为三至五开间。临街时，目前从侧间进入较多，也有从正间直接进入的。随着院落组织的多样性，建筑流线开始有一定的变化。第一、二进内院正屋为一至二层，第三进为一层。院落宽度第一、二进比较接近，第三进比较窄，长宽比数值比较大，为狭长形院子，与其作为后勤仓厨用房有关。

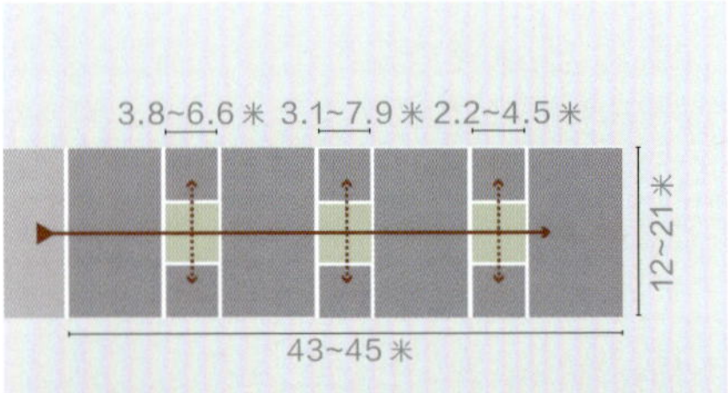

三进院落格局

三进院落鸟瞰图

并联型院落

并联型院落一般是由主院落与侧院组成。主要院落一般是 2 ~ 4 进，侧院则组合比较灵活，一般也会是规则的院落，院落数量可以跟主院落不一样。作为辅助院落，侧院的规模比较小，长度和宽度可能会比主院落小，建筑密度一般会比较大，所以内院空间尺度较之主要院落更小。

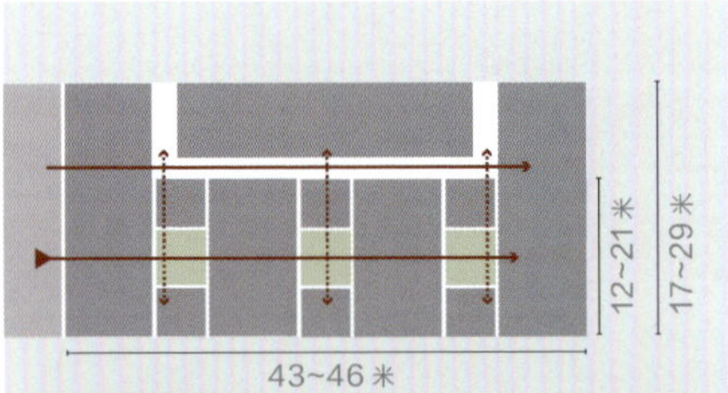

并联型院落格局

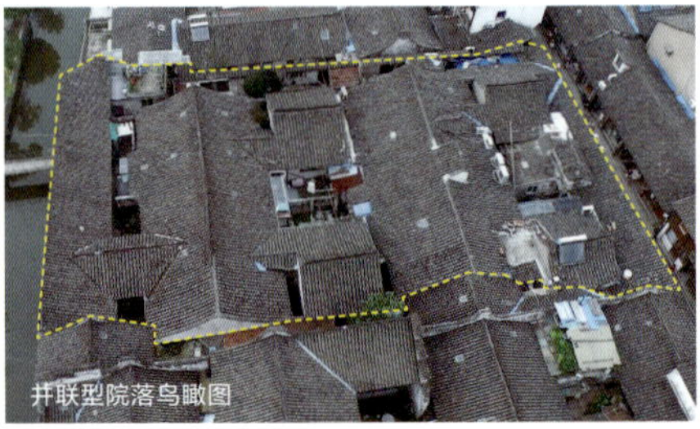
并联型院落鸟瞰图

并联型院落临街时，大多从主要院落的正间进入，也有从侧间进入的。随着主次院落的组合多样化，流线变得更丰富更复杂。主院落宅基地长度在 12 ~ 21 米，开间有三至五间。整个组合型院落总面宽在 17 ~ 29 米，总进深在 43 ~ 46 米。主要院落的内院空间尺度与多进院落的空间尺度相似，可以参考。次要院落的内院空间尺度应不大于主要院落的空间尺度。

院落格局正确与错误示例

正确示例

○ 保护历史边界的完整性。

○ 内部院落没有改建、加建，原入口与流线得到了很好的保护，院落整体的格局得到了完整的呈现。

○ 保持原有院落形态完整，空间尺度得宜。

错误示例

× 边界：历史边界被改变，院落格局残缺。

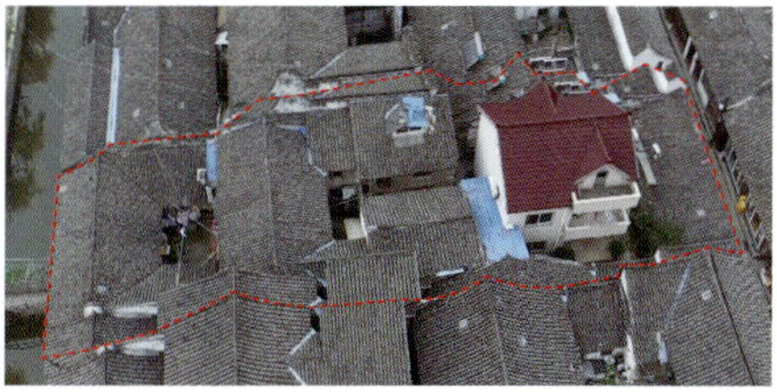

× 格局：原二进院落遭到拆除，并加建了不符合院落秩序的非传统建筑，院落流线被改变，整个院落的秩序也遭到破坏。

× 尺度：院落中私自加建改建或者拆除，破坏了内院形态的完整，改变了空间尺度体验感。

木结构

木结构特征描述

木结构是新场历史建筑主要的结构形式。其结构是用木立柱、木横梁构成房屋的骨架，屋子的重量通过横梁集中到立柱上，墙起隔断作用，不承担房屋的重量。新场的木结构形式主要有穿斗式和抬梁 - 穿斗混合式两种类型。另外，较为有特色的还有牌科和轩廊。

由于历史的加建或改造，大部分精彩的木结构被遮盖，未被呈现。由于年久失修，部分木结构受到腐蚀或倾斜，出现墙面渗水或屋面漏雨等现象。

木结构控制要素

形式：木结构形式应以穿斗式为主，等级较高的厅堂正贴及需要大空间的沿街商铺的正贴可选用抬梁式。

尺度：木结构的尺度应按照其所处位置及功能确定。

材料及色彩：应采用木材，色彩应遵循色彩选型需要。

木结构控制原则

- 依据历史遗存考证进行木结构的复原与修缮。
- 新修木结构应遵循其历史位置及功能，进行样式选型及尺度确定。

木结构控制细则

穿斗式

正贴、边贴均为穿斗式，是新场最普遍的木结构形式，广泛存在于沿街商铺、厅堂、居室、后勤用房及厢房。

穿斗式商铺：

三开间、五开间均可；

明间 > 次间，次间 < 尽间；

多为七架七柱，也可七架五柱，或五架五柱；

1 层、2 层均可；

梁枋下常做夹底，即梁枋下加同样的横向木料，以加固整个结构体系。但梁枋夹底并没有固定的位置。

穿斗式厅堂：

三开间、五开间均可；

明间 > 次间，次间 < 尽间；

多为七架七柱，也可七架五柱，或五架五柱，前后可加廊或轩廊；

1 层、2 层均可，以 1 层居多；

梁枋下常做夹底，等级较高的厅堂正贴常有雕刻装饰。

正贴、边贴均为穿斗式

穿斗式居室：

三开间、五开间均可；

明间 > 次间、次间 < 尽间；

多为七架七柱，也可七架五柱；

1 层、2 层均可，以 2 层居多；

梁枋下常做夹底，一般无雕刻。

穿斗式后勤用房：

形制相对自由，三开间、五开间均可，也有四开间、六开间；

各开间相对均等，根据需要，各开间基本在 3.0 ~ 4.8 米；

多为七架七柱，也可七架六柱、七架五柱，均为 1 层；

梁枋下常做夹底，但并没有固定的位置，无雕刻。

抬梁－穿斗混合式

抬梁式木构架结构是沿着房屋的进深方向在石础上立柱，柱上架梁，再在梁上重叠数层瓜柱和梁，自下而上，逐层缩短，逐层加高，至最上层梁上立脊瓜柱，构成一组木构架。新场的抬梁式只出现在商铺和厅堂的正贴，而其对应的边贴仍为穿斗式。

混合式商铺：

三开间、五开间均可；

明间 > 次间、次间 < 尽间；

正贴根据需要，七架四柱、七架三柱、五架四柱均可；

1 层、2 层均可；

梁枋下常做夹底。

混合式厅堂：

以五开间为主；

明间 > 次间、次间 < 尽间；

正贴多为七架四柱；

1 层、2 层均可，以 1 层居多；

等级较高的厅堂正贴常有雕刻装饰。

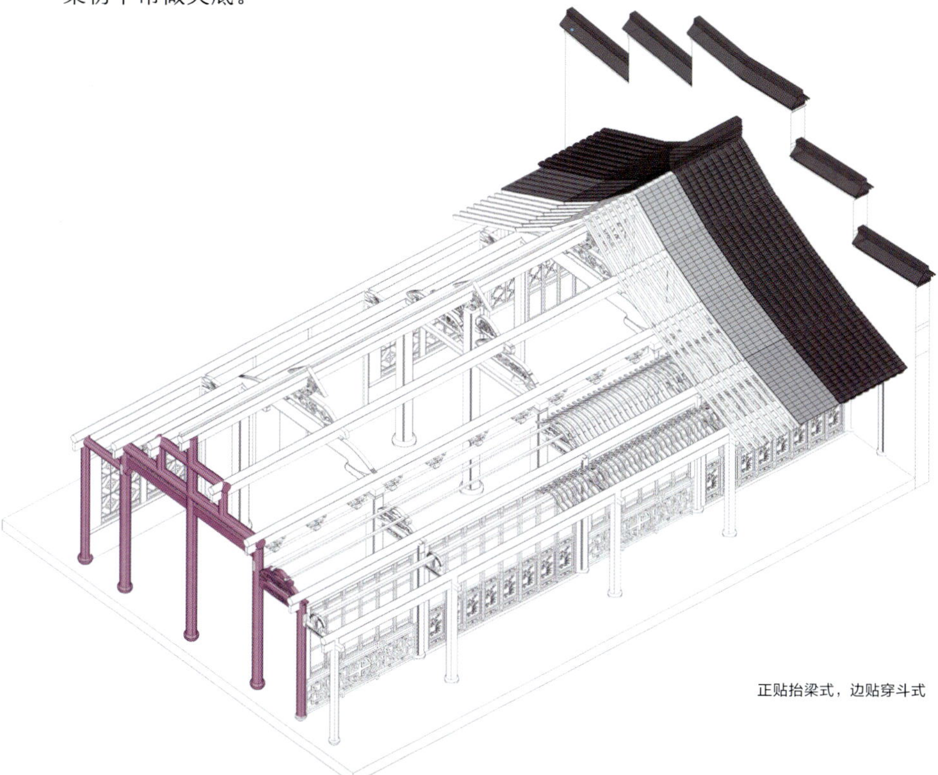

正贴抬梁式，边贴穿斗式

牌科

除了基本的屋架和柱，新场较为有特色的还有牌科和轩廊。

新场承重的牌科分布于出挑的枋之上，用以承受屋顶的重量，并形成无柱外廊；都是一斗三升拱。除了作为承重的结构构件，牌科也作为装饰元素，常出现于梁枋雕刻及仪门装饰上。

康泰丰宅

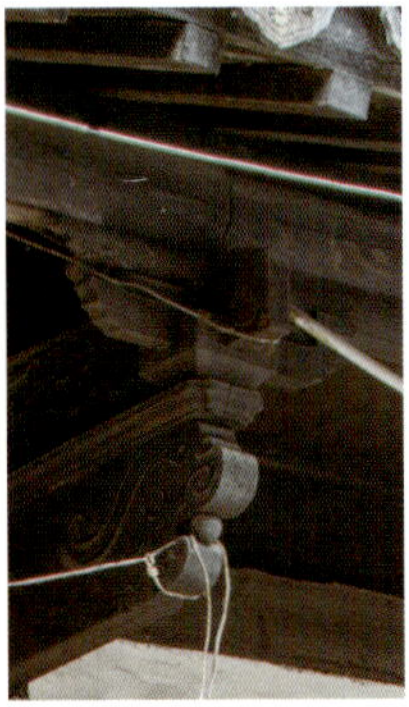
奚家西厅

梁枋上斗栱装饰

轩廊

轩的本义是指向上翘起的曲木，轩廊特指南方附属于主体的卷棚式屋顶；只出现在厅堂前后，或前院落四周。

金氏住宅

李锦伯宅

木结构正确与错误示例

正确示例	错误示例

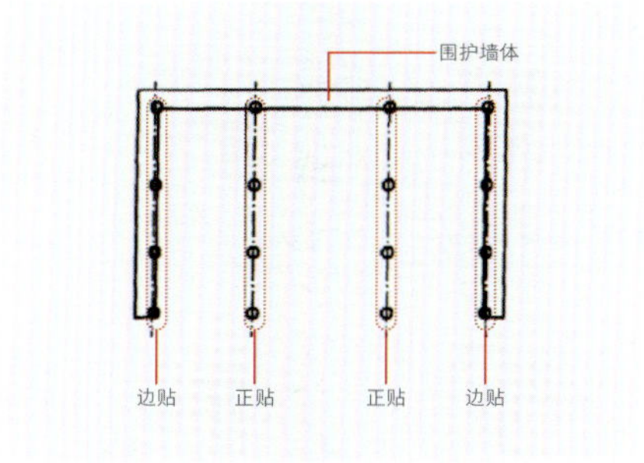

○ 以木柱、木梁架形成木构架结构承重体系，墙体只起围护作用。

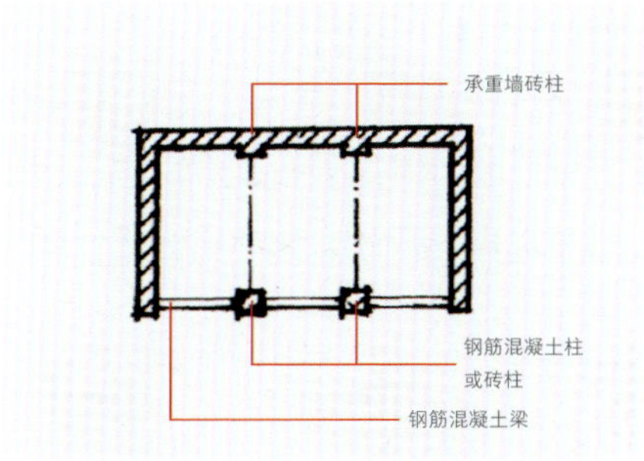

× 使用砖墙、砖柱、钢筋混凝土梁柱为承重体系，或采用其他新型结构体系。

○ 木柱下应设石础。

× 木柱直接落地。

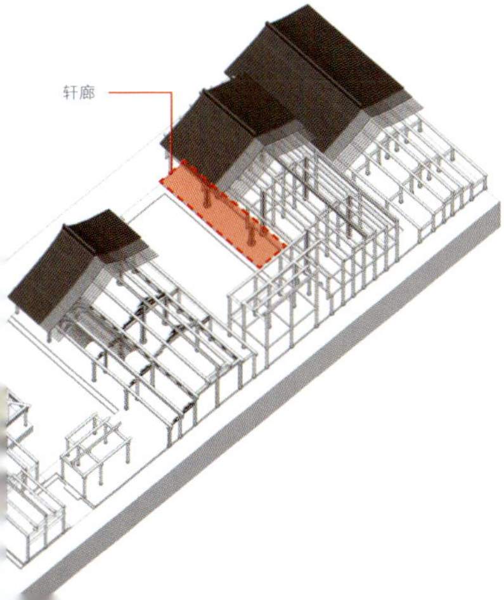

沿街立面

沿街立面特征描述

沿街建筑立面类型组合丰富多样，商业立面和居住立面交替变化，组成连续丰富的沿街界面。

由于商业化的原因,越来越多的居住立面被改造成商业立面，并出现现代商业对传统立面的侵蚀。

沿街立面控制要素

商住比例：沿街商业立面与居住立面的类型数量比例关系。

尺度：沿街立面应维持历史组团的总开间数、总开间尺寸、檐口高度，以及组团里单体立面的开间尺寸、层高等。

门窗组合样式:保持历史的商业或者居住立面门窗组合样式。

墙面材料、立面色彩:墙面材料应使用传统的砖木建筑材料，色彩应遵循色卡选型需要。

沿街立面控制原则

· 依据对历史遗存的考证，修缮破损的沿街立面。

· 依据院落空间引导图，在同一院落空间中保持立面的统一性。

· 严格保留目前商业立面与居住立面的类型与数量比例关系，避免古镇风貌过度商业化。

· 严格控制立面各项尺度的数据。

· 严格控制建筑立面使用的材料与色彩，维护古镇的古朴气质。

· 如无法考证沿街建筑立面的历史信息，应参照《导则》立面组合与风格样式进行选型。

沿街立面控制细则

沿街立面组团开间尺度

一开间：多为住宅建筑。立面总开间尺寸为 2.8 ~ 4.8 米。

三开间：数量较多较常见，主要分布在新场大街上。

立面总开间尺寸为 10.2 ~ 14.0 米。

五开间：数量较多较常见，主要分布在新场大街上。

立面总开间尺寸为 16.0 ~ 19.0 米。

七开间：立面总开间尺寸为 21.0 ~ 26.4 米。

三开间

五开间

七开间

沿街立面檐口尺度

沿街立面为一至二层建筑，其立面组成可分为三种类型：沿街一层、沿街二层—挑出、沿街二层—后退。

沿街一层 新场比较常见的沿街立面样式。

沿街二层挑出型 沿街面为两层的建筑，上层外墙比下层外墙略挑出。

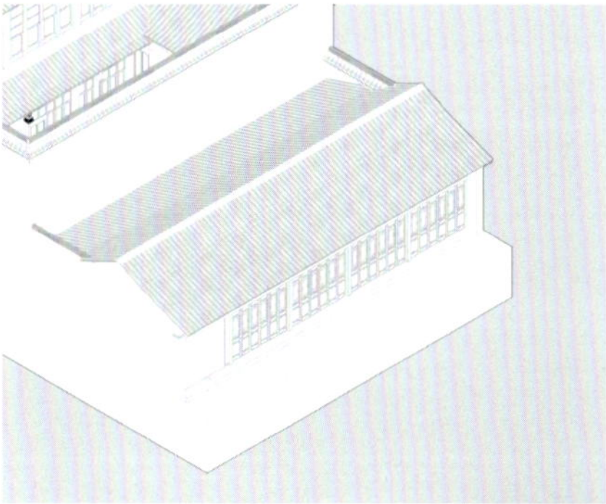

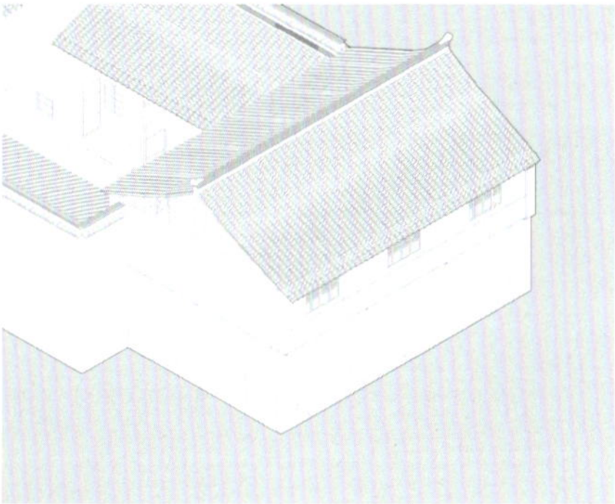

常见沿街一层立面

沿街二层挑出立面

沿街二层后退型　沿街立面为两层的建筑，上层外墙比下层外墙往后退一定距离。

沿街二层后退立面

沿街立面单元类型

沿街立面组合形式多样，按其功能不同，分为商业立面单元与住宅立面单元。

住宅立面单元

独立门窗型 出现在一层沿街建筑立面。由立面上一扇独立的门和一扇独立的窗构成，其他部分为白色抹灰墙面。

全窗型 立面由双数窗扇构成，一般窗扇数量为 2 ~ 6 扇，其他部分为白色抹灰墙面。

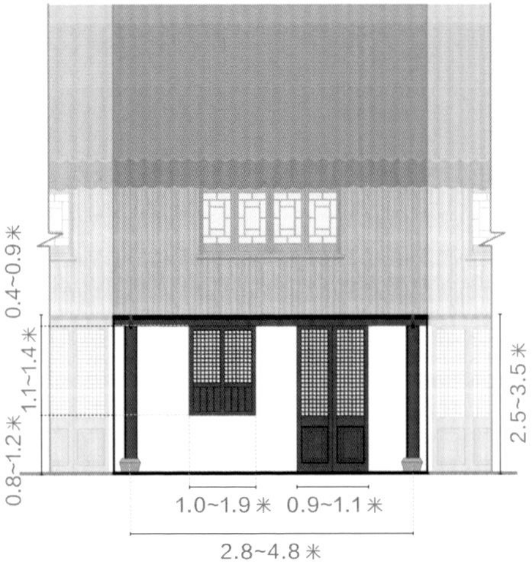

独立门窗型

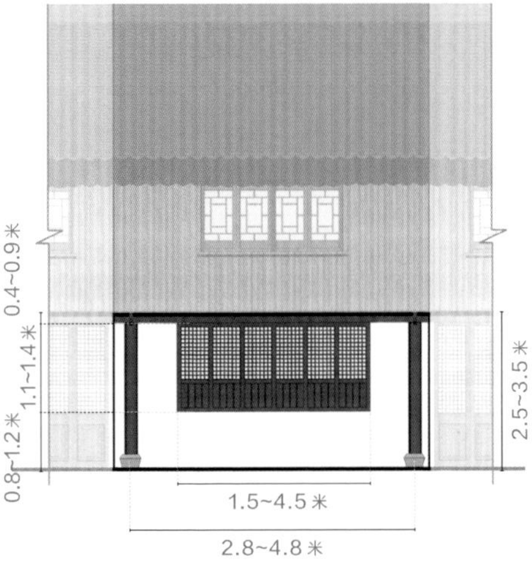

全窗型

商业立面单元

全门型 出现在一层沿街建筑立面。立面开间由双数门扇的隔扇门或排板门构成。

全窗型 出现在一层沿街建筑立面。立面开间由双数窗扇的排板窗或半窗构成，窗以上部分木板墙面或为白色抹灰墙面，其他为白色抹灰墙面。一般配合其他有门的开间出现，组成两间或两间以上的铺面。

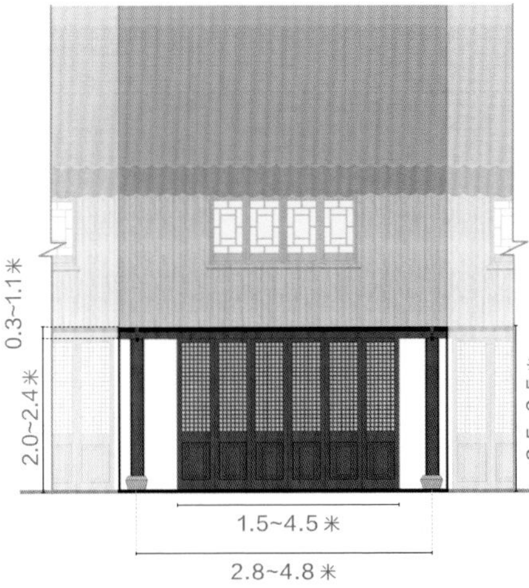

全门型

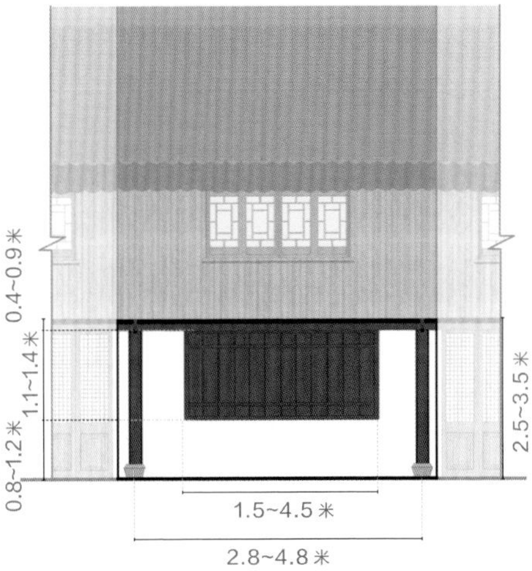

全窗型

双侧窗型　出现在一层沿街建筑立面。立面开间由隔扇门构成，门扇为双数，门两旁为窗。门窗以上为木板墙面或白色抹灰，其他部分为白色抹灰墙面。

单侧窗型　出现在一层沿街建筑立面。立面开间由隔扇门构成，门扇为双数，门一旁为窗，门窗以上为木板墙面或白色抹灰，其他部分为白色抹灰墙面。

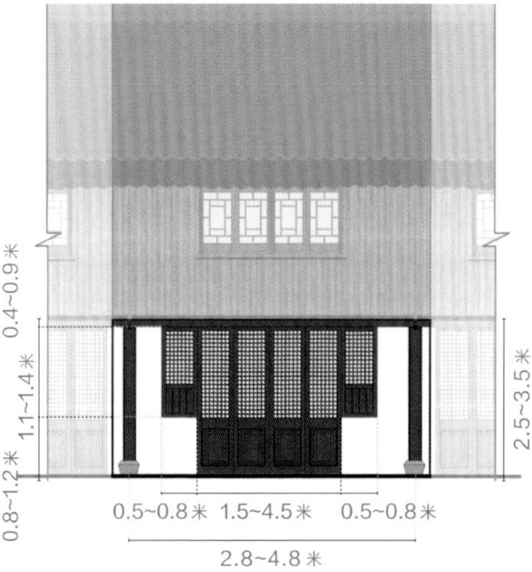

双侧窗型

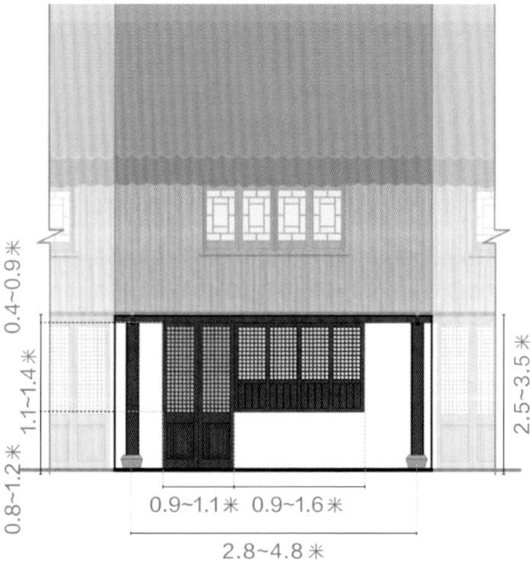

单侧窗型

沿街立面正确与错误示例

正确示例 | 错误示例

主要街道建筑

○ 主要街道建筑的层高大多以一层以及两层的建筑为主。

× 主要街道建筑层高三层，且层高不遵循古镇檐口控制高度，应避免出现如此大体量的建筑。

材料与色彩

○ 建筑外立面使用应使用木质门窗、墙面应使用白色抹灰墙等新场传统的建筑材料和构件。

× 建筑墙面使用了贴砖，门窗使用了不锈钢防盗网，在形式、风格以及色彩上都破坏了古镇立面风貌。

门窗组合样式

○ 选用木质门窗，选型应遵从原历史资料恢复，历史资料不存则根据建筑功能选择不同的立面组合样式。

× 未选用木质门窗，未遵从原历史资料恢复。

山墙

山墙特征描述

山墙是新场民居整体特色的重要组成部分，由于受到不同地域建筑文化的影响，新场的山墙形式也多种多样。

但由于居民或使用者为施工方便或追求效果，改变了建筑山墙的形式，破坏了古镇的整体风貌。

山墙控制要素

山墙样式：山墙的样式包括悬山穿斗式、马头墙、观音兜和石库门山墙。

材料及色彩：山墙材料应采用白灰抹面、木、砖、瓦等传统材料，色彩应遵循色卡选型需要。

山墙控制原则

- 依据对历史遗存的考证，进行山墙的选型与修缮。
- 依据建筑控制分类引导，同一院落空间中山墙形式尽量保持一致。
- 依据建筑控制分类引导进行山墙的样式选择。
- 在前三项的基础上保持目前古镇中各类山墙样式在数量上的比例关系和空间分布状态不变。
- 山墙的修缮或复建应采用传统材料和工艺做法。

山墙控制细则

样式选型 不同的建筑样式有其对应的山墙形式。

穿斗式

马头墙

悬山穿斗式山墙：苏式建筑的典型形式

马头墙：新安江流域建筑的典型形式

石库门山墙

观音兜

石库门山墙：上海西式住宅的典型形式

观音兜：沿海民居的典型形式

山墙正确与错误示例

正确示例

- 应保持现有山墙形式，若有确切历史依据，应恢复其历史样式。
- 新建山墙样式应遵循新场的典型样式。
- 破坏严重且无法考证、无法辨别的山墙，应符合其所在的院落样式对应的形式进行选型。
- 同一栋建筑两侧山墙形式应一致，如历史原状不一致,则保持其不同形式。
- 山墙上历史遗留的装饰花纹、线脚等不得随意更改、拆除，应在现有基础上保护性修复。
- 山墙上不得随意加建空间或与传统样式不符的构件。
- 应采用新场传统的黑、白、灰、木色等颜色，具体参照色卡。

错误示例

- × 新建山墙样式为非新场典型样式，或形态生硬。
- × 采用与新场传统颜色不相协调的颜色。

- × 用水泥、瓷砖、琉璃瓦等现代材料局部或整体覆盖墙面。

屋面

屋面特征描述

新场的屋面主要以悬山顶、硬山顶为主，部分建筑中也出现四坡或歇山形式屋面。

有一定历史的屋面年久失修，给居民的日常生活带来不便。部分建筑屋面的翻修没有依据传统做法，屋面线条僵硬。

屋面控制要素

屋面样式：民居建筑的屋面为两坡，厢房处可为单坡，其他屋面形式的复建需要翔实的历史考证方可进行。

尺度：坡度与出檐宽度应按传统尺度进行控制。

屋面细部：屋面细部应按传统样式进行修建。

材料及色彩：屋面材料应采用小青瓦，色彩应遵循色卡选型需要。

屋面控制原则

· 依据对历史遗存的考证，进行屋面的选型与修缮。

· 依据建筑控制分类引导，同一院落空间中的屋面样式、尺度、细部等控制要素保持一致性。

· 屋面的修缮或复建应采用传统材料和工艺做法。

屋面控制细则

样式选型

单坡屋面：只出现在厢房位置。

两坡屋面：一般民居应选用两坡屋面。

歇山屋面：宗教建筑和商业建筑转角可根据历史遗存考证选用歇山屋面。

屋面尺度

坡度：屋面做举折，苏州语系“提栈”。

新场的步架界深（J）基本在 0.8 ~ 1.3 米，提栈最低为 0.35，最高为 0.65。屋面总坡度一般在（1 ：1.5）~（1 ：2）之间。

出檐宽度：一般为 0.7 ~ 1.3 米。

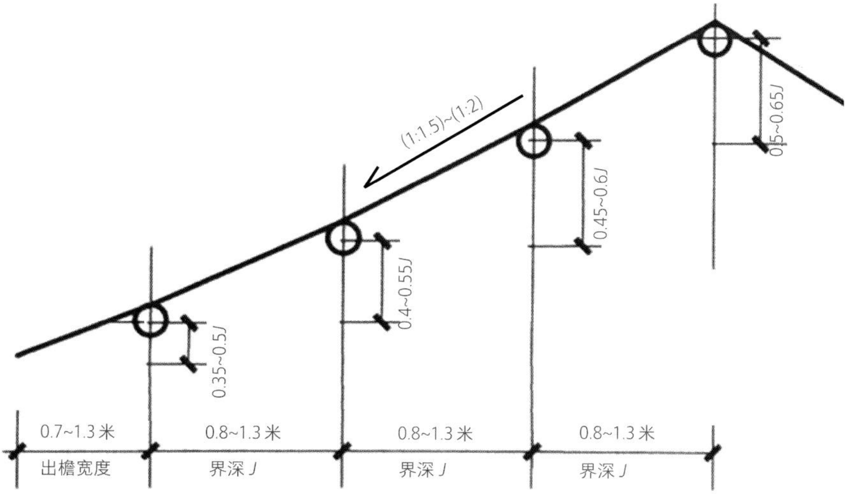

屋面尺度示意

细部样式选型

屋面构造

传统建筑中，柱上托梁，梁上托檩条，檩条上设椽子，再上设望板，望板上挂瓦，形成屋面。

新场的挂瓦形式一般为仰合瓦。

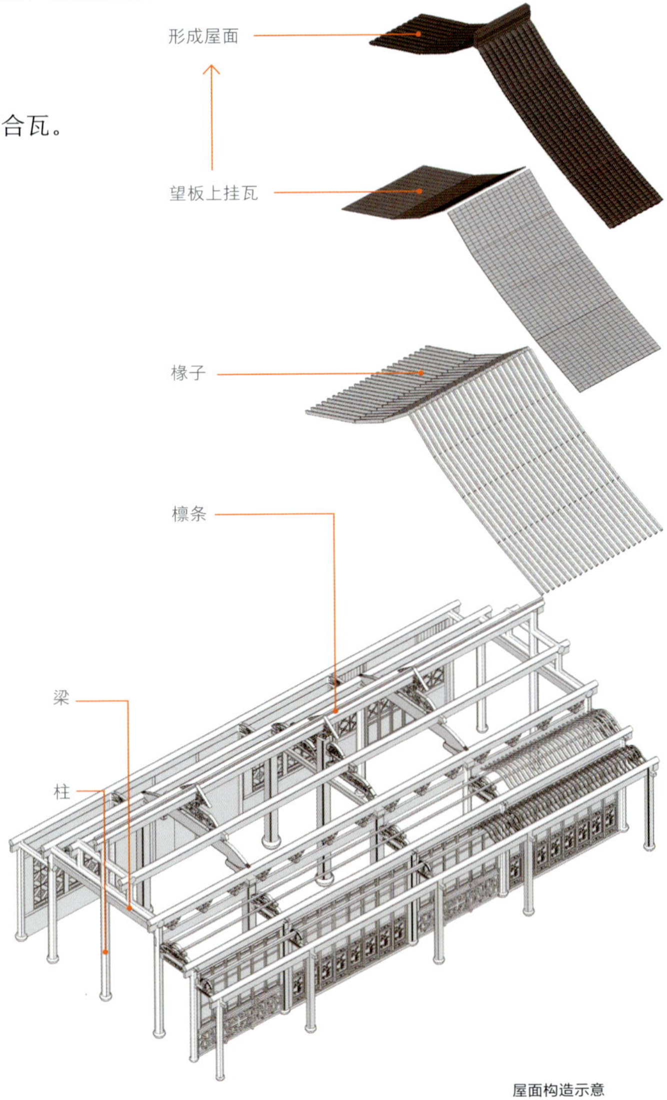

屋面构造示意

老虎窗

新场有些屋面上设老虎窗。老虎窗是天窗的演变，即屋顶窗。在斜屋面上凸出的窗，作房屋顶部的采光和通风之用。新场的老虎窗有单坡和双坡之分。

檐口

新场的屋面多为无组织排水，等级较高的建筑在檐口处设花边滴水。这些滴水主要出现在厅堂和沿街商铺处。

双坡老虎窗

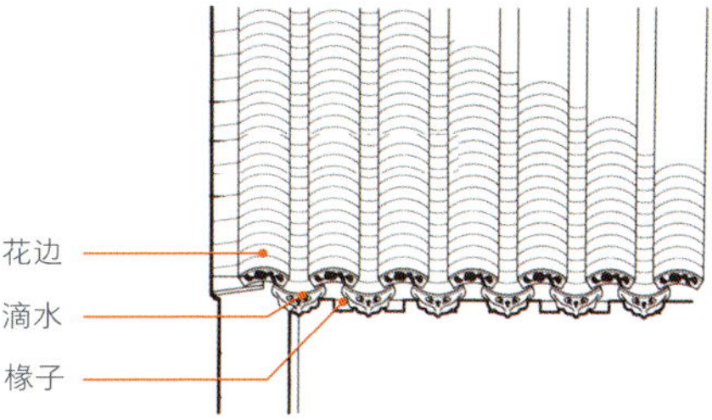

檐口示意

单坡老虎窗

设花边滴水的檐口 - 方大复宅

无花边滴水的檐口 - 新场大街 224 - 228 号

屋脊

屋脊为屋顶相邻的斜坡或相对的两边之间顶端的交汇线。新场大部分屋脊为游脊，即以瓦斜平铺，有些屋脊中间由瓦片拼成图样。厅堂处的屋脊多采用哺鸡脊。

游脊 - 康士希宅

游脊中间图样 - 康士希宅

游脊 - 康士希宅

游脊中间图样 - 新场大街 224-228 号

哺鸡脊 - 郑少康宅

哺鸡脊 - 庆祉堂

屋面正确与错误示例

正确示例

○ 应采用传统两坡的屋顶样式。

○ 应依据新场屋顶常规尺度，并作屋面举折。

○ 屋面材料应采用小青瓦，色彩应为深灰色。

○ 屋面上如需采光和通风，应按传统样式加设老虎窗。

错误示例

× 平屋顶的做法与古镇风貌不符。

× 随意在屋顶加设采光通风窗，且未采用传统老虎窗样式或传统材料。

门窗

门窗特征描述

门窗是建筑立面的重要组成部分，更是古镇风貌的最具体、最直接的体现元素之一。新场的门窗，既有明清时期传统江南民居门窗的样式，又有清末民国时期出现的、中西混合样式的门窗和彩色玻璃窗等。

但由于历次建设更新，古镇中门窗样式大多雷同，失去建筑单体本身的特色。大部分历史建筑原来的门窗样式已不可考。

门窗控制要素

门窗样式:受院落边界、建筑年代及样式、历史功能的影响。

门窗尺度：应符合历史样式和常规尺寸。

材料及色彩：多为木门窗，色彩应遵循色卡选用木色。

门窗控制原则

- 依据历史遗存考证，进行门窗的选型与修缮。
- 依据建筑控制分类引导，同一院落空间的门、窗花式保持同一样式。
- 依据建筑控制分类引导进行门、窗的样式选择。
- 相邻建筑的门窗样式应不同，每栋建筑都应有其独特的门窗样式。
- 门窗的修缮或复建应采用传统材料和工艺做法。

门窗控制细则

门的样式选型及尺度

排板门

用于临街商业店面；每根木板条的宽度在 20 ~ 30 厘米，所使用的木板条的数量由房屋的开间决定。

木板门

常做划分住户空间和公共空间的住宅外门，也与排板窗组合用于商业立面；多为单扇，也可双扇；单扇木板门宽 0.9 ~ 1.2 米，双扇宽为 1.2 ~ 1.8 米，高 1.85 ~ 2.2 米。

新场大街 506 号

单扇木板门 – 新场大街 415 – 427 号

老警察局

双扇木板门 – 杜氏宅

隔扇门

一般多布置于厅、堂、馆、轩，以及临街大型商业店面；均为偶数扇，有四扇、六扇、八扇之分；门扇宽 50 ~ 60 厘米，高 1.85 ~ 2.5 米，视层高而定。

门内棂格图案受建筑历史年代影响。明末清初，以直棂为主，棂格处没有过多的装饰图案，雕刻仅仅集中在裙板和束腰处。清代，出现棂格的组合图案，斜纹、亚字纹、万川、回纹、海棠、冰裂等形式等。清末民初，出现曲线形、不规则构图，出现玻璃绷子。

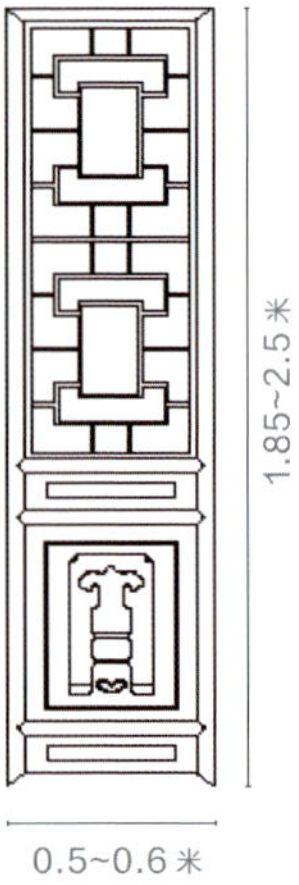

四扇隔扇门 - 王永生宅

清代棂格图案

清末民初棂格图案

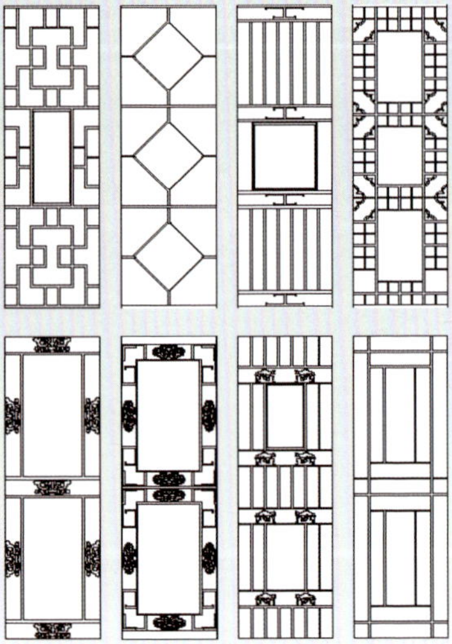

窗的样式选型及尺度

半窗

用于绝大多数传统建筑的居住立面；均为偶数扇，有四扇、六扇、八扇之分；窗扇宽 35 ~ 50 厘米，高 1.1 ~ 1.5 米；可与栏杆组合形成地坪窗，可组合成多种居住立面；窗内棂格图案受年代影响，与隔扇门一致。

排板窗

用于临街商业店面；每根木板条的宽度在 20 ~ 30 厘米；常与木板门组合成沿街商业立面。

半窗 - 康泰丰宅

排板窗与木板门组合立面 - 闵宅

西式窗

出现于清末民初时期，建筑样式为中西混合式建筑；具有西式门窗元素，如门窗形状常为拱形或规则几何图形；常伴有西式窗套、窗楣、山花等；有些西式窗采用彩色玻璃和印花玻璃。

西式窗 – 王和生宅

西式窗 – 陆仁贤宅

西式窗 – 陆仁贤宅

西式门 – 王和生宅

西式门 – 张厅

门窗正确与错误示例

正确示例

○ 门窗样式应按其所在建筑年代、样式进行选型，避免千篇一律。

○ 应选用新场传统的门窗装饰。

○ 采用传统形式的木构件、五金材料作为修缮替换材料。

错误示例

× 尤其是沿街立面门窗样式千篇一律。

× 门窗样式选用非新场典型样式，带有明显的外来风格或现代金属门窗。

× 未经允许，随意改变或封堵原有门窗洞口。

仪门

仪门特征描述

新场的仪门，一般设在第二进，即在正厅前的院中对着正厅而立。多数宅院仅一座仪门，但也有宅院每进都有仪门，如奚家厅就有三座仪门。仪门上大都有题款。

新场的仪门砖细考究，除文字外，尚有人物造型，立体砖雕栩栩如生。顶部为“元宝型”的歇山灰顶，飞檐翘角，中间为体现家风的砖刻门额，两侧和下面饰有象征喜庆祝福的花鸟人物砖雕，强化装饰和礼仪作用。

仪门控制要素

仪门的位置：仪门应按照传统位置布置，仪门面向内部院落的一面装饰复杂。

仪门样式：在没有充足的历史遗存考证前提下，新修仪门应参考新场现存的仪门样式。

仪门上的字及装饰:应尽量考证并恢复仪门上的文字及装饰。

仪门控制原则

- 依据历史遗存考证，进行仪门的复原与修缮。
- 新修仪门应遵循其历史位置进行修建。
- 仪门一般面向内庭院。

仪门控制细则

仪门位置 一般设在第二进，即在正厅前的院中对着正厅而立；正厅是接见客人的地方，故仪门面向庭院的一面雕刻复杂。

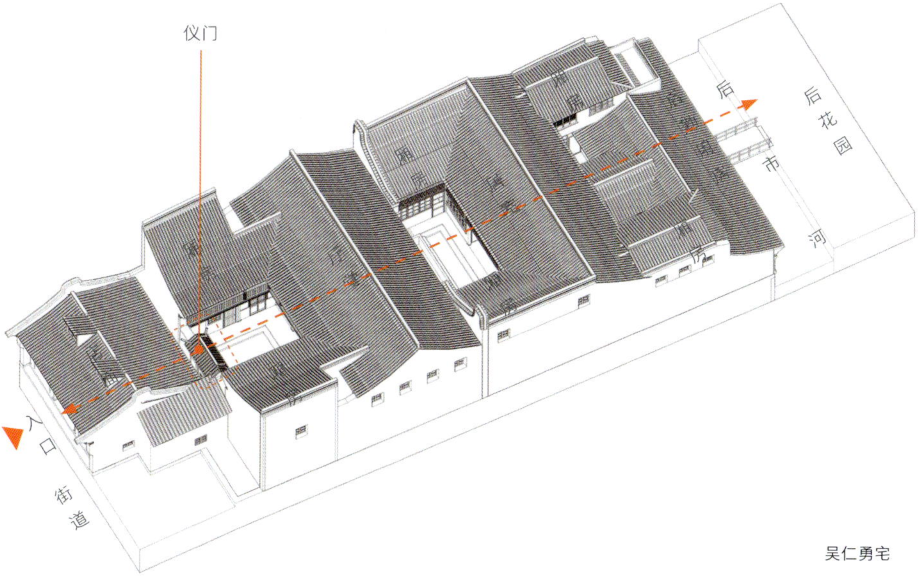

吴仁勇宅

仪门样式 在没有充足的历史遗存考证前提下，新修仪门应参考新场现存的仪门样式。

王和生宅仪门

陆氏住宅仪门

奚家厅仪门

奚家厅仪门

仪门正确与错误示例

正确示例

- ○ 仪门应按照传统位置布置。一般设在第二进，即在正厅前的院中对着正厅而立。
- ○ 仪门面向庭院的一面为主面，雕刻复杂；面向入口方向的一面雕刻相对简单。

- ○ 破坏严重且无法考证、无法辨别的仪门，依据《导则》提供的中式仪门进行参照选型，制定方案，并应尽量考证并恢复仪门上的文字及装饰。
- ○ 不得随意破坏历史遗存的仪门。
- ○ 不得私自封堵历史遗存的仪门。
- ○ 不得在仪门前堆放杂物。

错误示例

- × 堆放杂物在仪门口，空调外机安装在仪门上
- × 仪门的砖雕、墙面等要素遭到破坏。
- × 仪门的复原过于简单，失去原来的精致。

垛头

垛头特征描述

新场古镇的垛头是建筑中非常有特色的装饰构件，是构成古镇民居特色的重要组成部分。因建筑的建造年代、建筑的功能和其所处的位置的不同，呈现出千变万化的形态。

由于年久失修和重视不足，对垛头的修复过于简化，许多垛头的细部或彩画受到破坏。

垛头控制要素

垛头样式：垛头样式受建筑年代及其所处位置的影响。

材料和色彩：垛头多为砖作，色彩应遵循色卡选色。

垛头控制原则

- 依据历史遗存考证进行垛头的选型与修缮。
- 依据建筑控制分类引导，同一院落空间中垛头风格尽量保持一致。
- 依据建筑控制分类引导进行垛头的样式选择。
- 同一建筑前后或两侧垛头形式应一致。
- 相邻建筑垛头细节形式应不一样。

垛头控制细则

样式选型

传统 明、清、民国的建筑均有曲线垛头出现；明代由于工艺技术原因，垛头相对简单，线脚较少，无雕刻、湿壁画等装饰；清代垛头工艺达到顶峰，垛头成为重要的装饰构件，线脚多，且大户人家的垛头会出现立体雕刻或湿壁画等装饰；民国时期垛头简化，线脚较少，无雕刻、湿壁画等装饰。

简化 只出现在清末民初的建筑上，无其他装饰，多出现于沿街、沿河处。

传统形式垛头 – 张厅

传统形式垛头 – 郑生官宅

简化形式垛头 – 江卓云宅

相对复杂度原则

沿街二层商业二层部分 垛头形式最为复杂。

沿街二层商业一层部分 与其二层部分相协调，但较其简单。

沿街一层商业 较沿街两层商铺垛头形式简单。

沿后市河 垛头形式较沿街简单，较内院复杂。

内院 形式最为简单。

折线垛头 – 朱梦云宅

折线垛头 – 王老九宅

直线垛头 – 金永清宅

直线垛头 – 江倬云宅

垛头正确与错误示例

正确示例

○ 相邻建筑垛头细节形式一定不一样。

○ 一栋建筑两侧山墙垛头形式、同一建筑单栋前后垛头形式一致。

○ 对于保存较完整或轻微损坏的垛头，保持原物在原址进行现状修整，并定期维护。

错误示例

× 新建的建筑构件对传统垛头造成破坏

× 一栋建筑两侧山墙垛头形式、同一建筑单栋前后垛头形式不一致

× 任意拆除、更换、遮盖或简化现存的历史残留垛头。

装饰纹样

装饰与纹样特征描述

装饰是新场古镇风貌重要的特征要素，是判定遗产价值不可或缺的部分。新场的装饰极为丰富，有木雕、石雕、砖饰、瓦饰，以及湿壁画、马赛克装饰等。

装饰与纹样控制要素

样式：装饰与纹样的样式主要受建筑样式和其所处位置的影响。

做法：应采用传统工艺做法。

材料与色彩:应采用相应的传统材料，色彩应遵循色卡选色。

装饰与纹样控制原则

- 依据历史遗存考证进行装饰与纹样的选型，并应采用传统工艺进行修缮。
- 依据建筑控制分类引导进行装饰与纹样的样式选择。
- 不得随意去除、改变、破坏或增加装饰与纹样。
- 对已损坏的装饰，应尽快进行抢救性保护。
- 修复时，应先做同比例小样推敲，并聘请专业修缮团队。
- 修复或复原，修复材料应在性能和观感上与原有材料、工艺一致。

装饰与纹样正确与错误示例

正确示例

- ○ 保存完好的装饰，应以保护性修复为主，修缮时不得随意去除、改变增加。
- ○ 已损坏的装饰，应尽快进行抢救性保护，在有可靠依据的前提下进行修复或复原，修复材料应在性能和观感上与原有材料、工艺一致。

错误示例

- × 遮挡、破坏现存的装饰纹样。
- × 装饰由于失修而逐步遭到破坏。
- × 随意去除、涂抹、改变保存完好的装饰。

建筑材质与色彩

砖

在新场民居中，用砖以青砖为主，多用于围护构件，也作铺地。砖之大小不一，随产地、年代及种类而异。

瓦

屋面采用小青瓦，屋脊、吻兽等处也用小青瓦瓦片拼成图样，檐口处设花边滴水。新场常见的小青瓦有底瓦和盖瓦两种。小青瓦盖瓦规格一般采用 18 厘米 × 18 厘米（16 厘米 × 16 厘米），与 20 厘米 ×20 厘米的底瓦配套使用。

木构

木构架体系：梁、柱、枋、椽、檩条、牌科、替木等木结构构件。

装饰构件：门窗、木栏杆、挂落、地罩等木构件装饰。

纸筋灰

纸筋灰用于屋面及屋脊表面、墙面等处粉刷，也是瓦灰堆塑的主要材料。纸筋灰传统制法是在化灰的时候，将剁碎的稻草和纸脚或竹鞭等材料倒入灰中，使其与石灰一同浸没在水中，等灰化完，稻草熟，便成纸筋灰。

石

做成柱子、门槛、地坪、门枕、门楣、台阶等建筑构件。

一般用在基础部分，如台阶、露台、柱础、驳岸、石牌楼等，也作门槛、地坪、门枕、门楣等建筑构件。

1706
N5.75

1263
N4.5

1701
N8.25

1262
5PB3.5/1

1061
10YR3.5/1.8

0054
2.5Y3/1.8

0164
7.5YR3.5/1.8

1063
5.6YR3/1.4

1716
N2.75

1031
8.8Y3/1.2

1715
N3.25

1261
N2.5

1321
7.5GY9/1

1276
N9

1315
2.5Y9/1

1331
5.6GY9/1

1296
5.6R8.5/1

1344
1.9GY8/1

1384
6.9R8/1

1272
N7

◎ 色彩取样对照

修缮技术要点

新场古镇历史建筑所遭受的破坏，既有因传统木结构的倾斜或支撑破坏引发的墙体开裂、屋面漏水等现象，也有因长期自然腐蚀而造成的建筑细部或装饰粉刷的风化和剥落。所以，《导则》中对修缮技术的控制是针对现状中出现的问题和具体需求而提炼的。

木结构修缮

立柱维修

局部腐朽处理

当自然腐蚀仅限于木柱的表面，或者其腐蚀深度不超过柱子最小直径的一半时，可以采用挖补和包镶的做法对木柱进行维修。

- 挖补：挖补适合腐蚀面积小但深度深的部位。先将腐朽部位剔除干净，最大限度地保留柱身未腐朽部分。剔除部分应成标准的几何形状，将洞内木屑杂物剔除干净，用防腐喷剂喷（或涂）至少 3 遍。嵌补木块与洞的形状尽量吻合。嵌补前，木块也要进行防腐剂处理。嵌补木块用胶黏结或钉钉牢。
- 包镶：如果柱子腐朽部分较大，面积在柱身周围一半以上，或柱身周围全部腐朽，而深度不超过柱子直径的 1/4 时,可采用包镶的做法。先将腐朽部分沿柱周截一锯口，提出柱周腐朽部分，再将周围贴补新木料。剔除腐朽部分后的槽口和嵌补的新木料均应做防腐处理。嵌补木块较短时，可以用胶黏或钉牢，较长时需加铁箍 1 ~ 2 道。铁箍要嵌入柱内，以便油饰。

* 上海地区近现代历史建筑的修缮技术已经较为成熟，故本小节的主要内容参考了《上海市历史建筑保护修缮技术》和《古建筑瓦工》等专著，选取适合新场历史建筑队的做法，同时采访了当地工匠，吸取地方工匠的经验做法，并结合新场历史建筑实际情况整理而成。

柱子开裂

柱子裂缝

柱子腐朽

墩接处腐朽

开裂的处理

- 对于细小的裂缝（裂缝宽度在 0.5 厘米以内），可用环氧树脂腻子封堵严实。
- 裂缝超过 0.5 厘米，可用木条黏牢补严。
- 如果裂缝不规则，用凿铲等制成规则的几何槽口，以便于嵌补。
- 裂缝宽度在 3 厘米以上，深度不超过直径的 1/4 时，在嵌补顺纹长木条后，还应加铁箍 1 ~ 4 道。
- 若裂缝超出以上范围，或有较大的扭转纹裂缝，影响柱子的承重时，应考虑更换。

以上均要做好新旧木材的防腐处理。

严重腐朽部分的处理

柱子在使用过程中往往会发生局部的严重腐朽，腐朽深度超过圆柱直径的 1/2，大部分发生在柱脚及上部与梁枋榫卯的结合处，此时宜采用墩接的方法。在墩接的过程中，对新旧木料，特别是对保留的旧柱子部分应严格按照规程做好化学防腐处理。如若需保留内部腐朽了一部分的旧柱子，除了喷涂防腐剂外，还应做内部吊瓶防腐处理。新增木材需做防火、防腐处理。

墩接的方法：

- 先将腐朽部分截掉，不得已而保留的轻微腐朽部分应妥善做好相应的防腐处理，以杀死原腐朽木材中残留的菌丝。
- 接头部位截面尽量吻合，墩接时用环氧树脂胶黏牢，或用圆钉、螺栓紧固。粗大的柱子外面可再做铁箍，铁件应涂防锈漆。
- 墙内檐柱墩接时，除做好必要的防腐处理外，应再涂防腐油 1 ~ 2 道。

柱子全部严重腐朽的处理

当整根柱子从上到下全部严重腐朽，已失去承载能力，而梁架尚好，为避免大落架、大拆卸，可采取抽换柱子的方法。

柱子抽换前，首先应把柱子周围（如坎墙、窗扇、抱框及与柱子有关联的梁枋榫卯等）清理干净；然后切实支好支撑构件，使原有的柱子不再承受荷载；再将旧柱子撤下，把新柱子换上，就位，立直。新柱子在抽换前应做好防火、防腐、防虫、防蛀处理和验收记录。如若修改过程中破坏了原来木材的防腐层，修改处应做好补充的防腐处理。新柱子贴墙处应涂防腐油。

梁架维修

劈裂处理

- 轻微的劈裂可直接用铁箍加固，铁箍的数量和大小根据具体情况确定。铁箍一般采用环形，接头处用螺栓或特制大帽钉连接。断面较大的矩形构件可用 U 形铁兜住，上部用长脚螺栓拧牢。
- 如果裂缝较宽、较长，在未发现腐朽的情况下，可用木条镶嵌，并用胶黏牢。若同时发现腐朽，应采用挖补的方法或用环氧树脂浇铸加固，在浇铸前一定要把腐朽的部分清洁干净。

椽子腐朽

· 在纹裂缝的深度和宽度不大于构件直径的1/4，长度不大于构件本身长度的1/2，矩形构件的斜纹裂缝不超过2个相邻的表面，圆形构件的斜纹裂缝不大于周长的1/3时，可采用上述方法。裂缝超过上述限度，应更换构件。

构件拔榫、滚动等处理

· 对于非腐朽元素造成的问题，可参考有关资料按常规方法拨正和紧固。
· 由于腐朽造成的损坏应采用相应的防腐措施。如桁条榫子腐朽，可将腐朽的榫锯掉，在截平的原榫位剔凿一个较浅的银锭榫口，再选用纤维韧性好、不易劈裂的木块新做一个两段都呈银锭榫状的补榫。将较短的榫嵌入新剔的卯口，做好防腐处理，胶黏，钉牢。归位，插入原桁条搭接，也可以用环氧树脂做成补榫黏接。
· 桁条的局部腐朽采用挖补方法处理。

包镶梁头

· 包镶时，先将梁头腐朽部分砍净、刨光，用木板依照梁头尺寸包镶、胶黏、钉牢，最后镶补梁头面板。整个过程中，应做好新旧材料的防腐处理。
· 采用环氧树脂浇铸后包镶。做法是先将腐朽部分砍净刨光，用胶合板依梁头大小钉成模板，并预留浇铸孔。若梁头为非承重部分，可用锯末作填充材料。
· 在更换新制大梁时，若断面尺寸不够大，也可采用包镶梁头的方法，使其能与原有其他梁头取得形式上的统一。
· 如腐朽严重，深及大梁内部影响承重或承重部位长期受压产生劈裂或环裂时，应考虑更换大梁。

椽子

由于屋面漏雨等原因，椽子也很容易发生腐朽、劈裂和折断。通常采用加附椽子的方法做加固处理。当屋面上大多数椽子完好，只有个别几根需要更换，又受条件限制不易抽换时，可复制 1 ~ 2 根新椽子，顺原椽身方向插进去，搭在上、下桁上，钉牢。

如椽子腐朽、折断过多，则应考虑挑修屋面，普遍更换椽子。新制椽子由于体积较小，宜用浸泡法做防腐处理，建议使用 4% 的硼酚溶液[1]浸泡 24 小时，原则是保证达到最低吸药量 4 千克（干药）/ 立方米（木材）。

木楼板维修

新场传统民居的木楼板一般是梁上搁置格栅，上面再铺木楼板。修缮时应对木楼板和格栅逐根检测，并进行编号。对残损过大的木地板、木楼板应予以更换，必要时可以增设铁件进行加固。

屋面修缮

除草清垄

- 拔草，结合化学除草方法从根源上整治，达到排水畅通。
- 用工具将沟中、瓦面的苔藓、积土、树草等杂物铲除，并用水冲净。
- 整修、揿揭松动的瓦件和瓦件裂缝。

泥（灰）酥裂、脱节、空鼓的修补

- 铲净空鼓的灰皮，补抹新灰。
- 铲除冲净盖瓦垄两腮睁眼[2]上的苔藓，用麻刀灰将裂缝处及坑洼处塞实找平，再将盖瓦垄的两腮用瓦刀抹一层夹垄灰。
- 清理或冲洗干净捉节[3]处的脱节部位，更换破碎的瓦件，用麻刀灰将缝塞勾平，捉节后刷月白浆一道。

[1] 硼酚溶液：由硼酸、硼砂和五氯酚钠配制而成。

[2] 盖瓦垄两腮睁眼：盖瓦两侧下脚和底瓦垄之间留出的空隙。

[3] 捉节：两片盖瓦前后衔接的缝口。

破损屋面

瓦件拆换

· 拆卸瓦件：先拆揭滴水瓦，然后拆揭瓦垄，最后拆大脊，拆卸过程中应保护瓦件不受损坏。

· 分码存放脊瓦、底瓦、盖瓦、勾滴。

· 将可使用的瓦件上面的灰、土铲除干净。大修工程瓦件拆卸后，将原有的垫层全部铲除；小修项目则将酥松的灰背铲除，然后用水冲净，再重新苫背，待泥背干后开始铺瓦。

屋脊修复

· 用灰将屋脊勾抹严实。

· 用黏补的方法修复屋面的物件；不能黏合的屋脊瓦件，及时用灰浆将损坏处抹严待换，以减少自然损失。

拆卸修复施工

· 拆至椽子的，拆卸前先切断电源，并为门窗设置防护，不能挪动的（构件）在室内、外搭设防护架。

· 全坡拆卸[1]的，在拆卸前对倾斜的木架支顶加固。

· 分层进行屋面拆卸，保留良好的苫背。

❶ 全坡拆卸：也叫全部翻铺，即采用挑顶的方式，把原来屋面的盖瓦、底瓦、望板、上层椽子全部卸下。

清水砖墙修缮

修缮前，应对原有墙面的施工工艺、材料、砌筑和勾缝等构造形式进行调查。

墙面轻度损坏缺损、表面风化深度小于 5 毫米，宜作表面增强处理；墙面破损深度为 5 ~ 20 毫米，应采用同色胶凝砖粉修补；墙面严重缺损或风化深度大于 20 毫米，应采用相同模数老黏土砖采用挖补、镶补等方法修补；修补后墙面应色泽协调、表面平整、头角方正，无空鼓。

灰缝的修复

砂浆材料的选择

- 新砂浆必须尽量在颜色、质感及工法上与优秀老建筑砂浆相匹配。
- 为避免优秀老建筑砖块受损，应采取有弹性的新砂浆材料。
- 新砂浆的渗透性及蒸发性必须比砖块高。
- 新砂浆的强度和硬度应该比原砂浆小。

施工方法

- 适当的接头处理：一般而论，当旧砂浆的侵蚀度达到1厘米时需要考虑再填缝，所有劣化及松动的砂浆均应该凿除，建议最小凿除深度为2.5厘米。凿除深度要均匀。
- 确定砂浆填基压实：成功的填缝工作要确定新、旧砂浆的紧密契合。建议由垂直接缝开始操作，先填进1/3的砂浆并压实，将里面的空气气泡压出，再填进1/3的砂浆将其压实，再填入最后1/3的砂浆将其紧密压实，这样才可确定新砂浆被压实并与旧砂浆及砖材紧密接合。
- 砂浆不能过分填满：建议将灰缝填至接近砖面处，并注意适当留空，涂抹成弧状或V形，这样才不至于使水分停留，容易将水分排出。

墙面粉刷修缮

局部抹灰

墙面部分损坏。先用大麻刀打底，然后用麻刀灰抹面，趁灰未干时撒上砖面，并用轧子轧出光。

找补抹灰

对局部空鼓、脱落的灰皮，可采用找补抹灰的方法。找补抹灰前应先做好基层清理，打底时，接头处应密实；罩面时，不得开裂、起翘。补抹后的形状应尽量为矩形或正方形。

铲抹

对灰皮大部分空鼓、脱落的墙面多采用此类方法。基层灰应铲除干净，扫净浮土。砖缝凹进较多者，应先进行串缝处理。

重新罩面

重新罩面就是在原有的抹灰墙面上再抹一层灰。在抹灰前，可在旧墙面上剁出许多小坑，这样可以加强新旧层的结合，不易空鼓。在旧灰上抹灰，容易出现的现象是干湿不匀，因此抹灰时，要在干得快的地方刷上一遍水，轧活时，干得快

面层风化脱落

的地方应先轧光。

串缝

当灰缝风化脱落凹进砖内，可用掺灰泥或灰嵌入缝里，然后反复按压平实。

勾抹打点

用于修补灰缝及砖的棱角。

木雕修缮

基本原则

- 查清木雕的历史时代及风格特征。
- 将损坏的部位清理干净。
- 选用与原木雕相同的材料，按古建筑木雕制作的特有方法和规定进行加工和安装。
- 新旧雕件的接缝平整严密。

雕作工艺

- 选料打坯：应根据设计要求选用木材的树种和质量。木雕件需要拼接时，应用穿带、暗梢和胶，将雕坯连接拼

装后再行雕刻。

· 画样或拓样：雕刻前应先绘出符合设计要求的 1 ∶ 1 图样，将图样准确地拓或绘到雕坯上进行雕刻。

· 雕作：雕刻应先粗雕图样的大体外形轮廓，再精心雕刻图样的准确外形和细部。应做到图样完整准确，线条清晰和谐，外形丰满生动。

· 修补打磨：雕刻完成后，应对缺损、伤疤、虫眼、开裂用相同的材料和胶进行修补，最后应用不同标号的砂纸由粗到细进行打磨，直至表面光滑无痕为止。

· 上色、油漆：应按古建筑油漆的有关规定和方法上漆，如需做彩画处理时应按古建筑彩画的相关规定进行彩画。

表面处理

· 室内的雕件应做清漆和打蜡处理。对外檐和受到风吹雨打、日晒的雕件，应用有机硅或其他防水材料进行防雨水处理。

· 防腐、防蛀、防火处理。

每道工序检查合格后才可进行下道工序。

砖细风化 – 日照堂

砖细修复

砖细风化与缺损

- 可以将调面风化、缺损部分清理干净直到硬基层，风化面可以用同色砖粉修缮。
- 砖细碎裂者，应将碎裂的砖雕黏合，黏合材料宜采用无机黏结剂。
- 整体损坏者，需要按照原样翻做，其砖的质量和外观应符合设计要求，砖的外观尺寸要准确。不得有砂眼和砖缺陷。

花饰面层脱落

室内线脚

花饰全部损坏

- 清理基层，喷水湿润。
- 根据设计要求，在作花饰的部位，绘出花饰外轮廓线，依次用木直尺做出标准线。
- 根据设计要求的花饰（线脚）形状和大小，用硬木制滑模模具，其表面满包铁皮，使得做出的花饰表面光滑。
- 分层制作花饰（线脚）用1∶1∶1的水泥石灰砂浆薄薄粉一层；用1∶1∶4水泥石灰砂浆做花线底层；用预先制好的滑模工具，分层沿木直尺（标准线）向前推移（不能往后推），拉出线脚花饰。当距花饰实际厚度还有5毫米左右时，隔天用细纸筋灰滑抹，一人在前面抹灰，一人紧随其后推滑模工具，直到基本把棱角线推出。待三四成干后，再用细纸筋灰把棱角推至整齐光滑为止。拆除标准线，最后刷浆，使花饰表面光滑美观、色泽一致。

水泥砂浆和纸筋花饰局部损坏

将损坏部分清除干净，洒水湿润，刷界面剂一道，按上述花饰做法修缮。

整治设计引导

针对保留引导和整治引导的其他建筑，依照风貌协调的要求进行控制的技术措施。

整治引导总则

在保护古镇整体风貌的前提下,《导则》对于风貌协调，质量好的其他保留、整治建筑，使用的技术措施均统一为“整治设计引导”。

通过对建筑材质与色彩、屋顶形式、减层、局部拆除等整治措施进行设计引导。

其他建筑和新建建筑需要依照传统样式进行修建时，请参照修缮引导。

整治引导的控制要素

尺度　对尺度进行严格控制，避免出现尺度过大且影响古镇风貌的建筑形态。

材料与色彩　尽量采用与历史风貌相协调的建筑材料和色彩，避免出现与古镇格格不入的建筑样式。材料与色彩的控制要求参考修缮设计引导中的规定。

整治引导细则

立面尺度

高度：建筑檐口高度不宜高于 5.8 米。采用坡屋顶时，屋顶坡度应控制在 1 ： 1.5 与 1 ： 2 之间。

一层建筑檐口高度控制在 2.8 ~ 3.5 米，总高度不得超过 6.5 米；二层建筑檐口高度控制在 5.8 米及以下，总高度不得超过 8.5 米。

对现状立面垂直方向连续长度大于 5.8 米的建筑外墙，宜采用外墙出挑、披檐等方式丰富立面尺度。

立面尺度控制正确与错误示例

正确示例

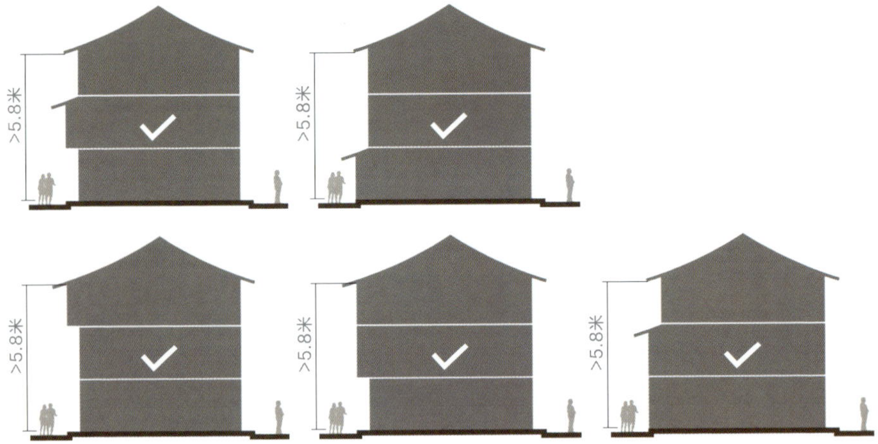

错误示例

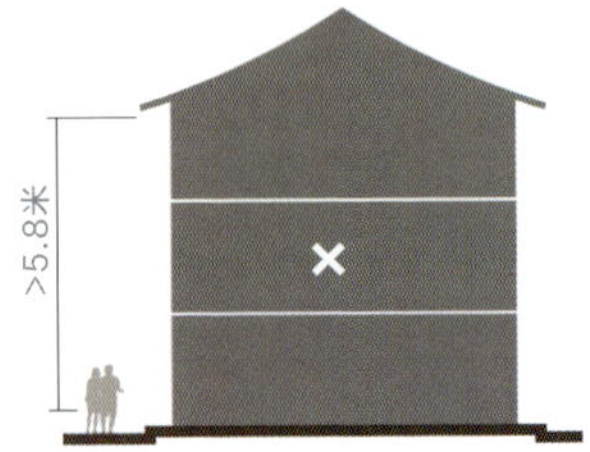

平面尺度

建筑平面尺度过小或者过大的，需要通过加建以及局部拆除等手段干预，使平面尺度不破坏古镇平面肌理。

平面水平方向连续长度不宜大于 12 米，超过时，通过平面墙体或外装饰的手法进行凹凸变化。

平面尺度控制正确与错误示例

正确示例

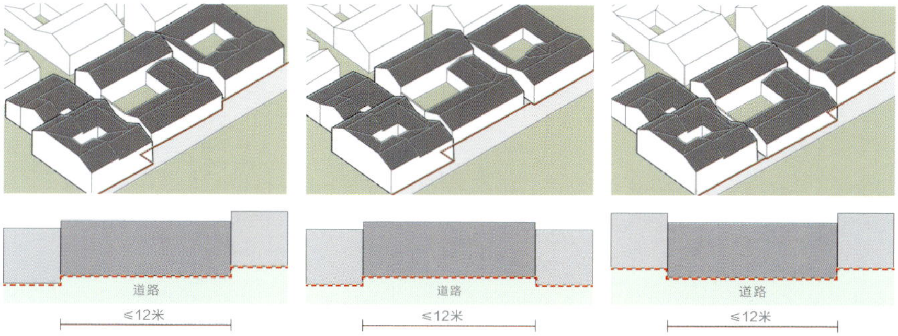

错误示例

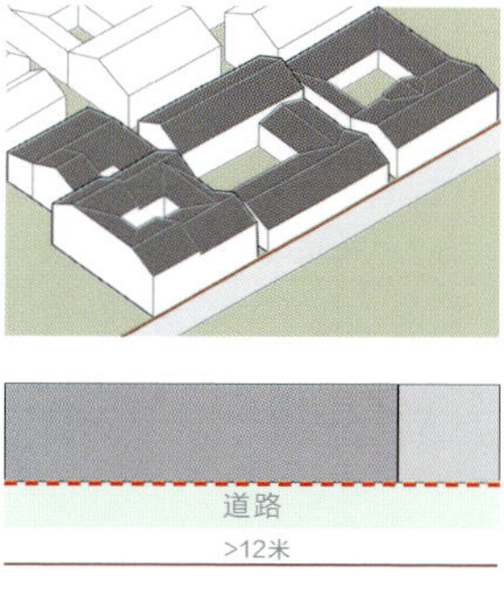

新建设计引导

新建设计引导总则

对于风貌区内应当拆除的建筑再新建或者近期需要新建的地块，基于保持新场古镇生活活力的考量，在保护古镇整体风貌的前提下,《导则》对于部分应当拆除建筑（指短期内难以拆除，但需要进行整治的应当拆除建筑），以及其他建筑和新建建筑的技术措施均统一为“新建设计引导”。新建建筑需要依照传统样式进行修建时，请参照修缮引导。

新建设计引导的控制要素

古镇肌理　对核心保护区内的新建建筑，保证古镇空间肌理的协调。

体量　新建筑与相邻建筑在体量上保持协调一致。

立面 - 形态、材质、色彩　新建筑与相邻建筑在立面形态、材料、色彩上保持协调。

新建引导细则

肌理

对核心保护区内的新建建筑，应使用传统民居院落形式，保证古镇空间肌理的协调。

新建建筑应与周边原有民居院落的肌理关系相一致，与周边建筑道路河流布局关系、建筑开口朝向、临街关系相一致。

肌理控制正确与错误示例

正确示例

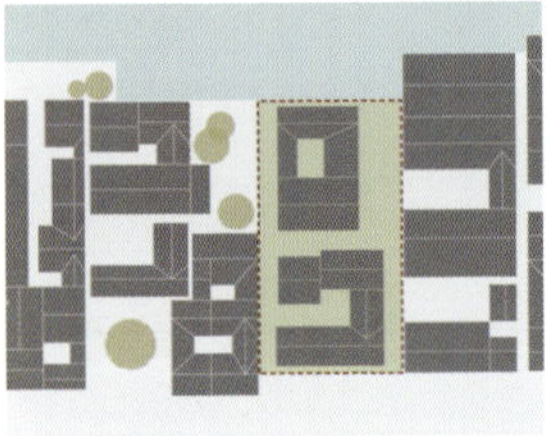

○ 新建建筑形态与邻近建筑保持形态上和谐统一。

○ 新建建筑轴线与邻近建筑保持一致。

错误示例

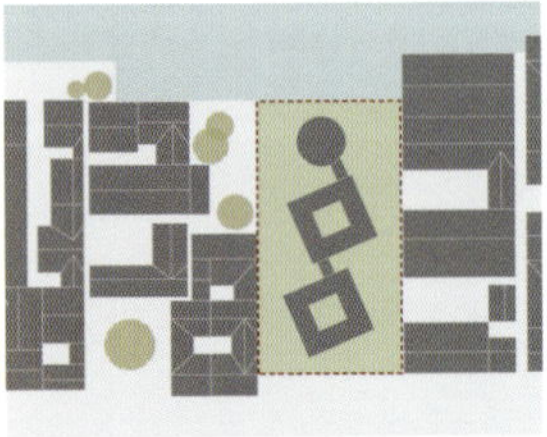

× 不宜出现倾斜角度过大的建筑轴线。

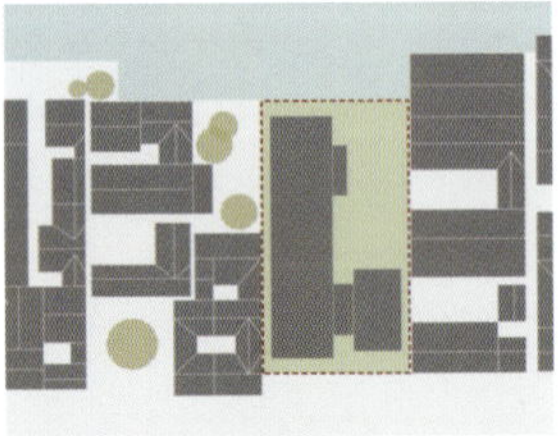

× 不宜出现新建筑在基地内大面积满铺。

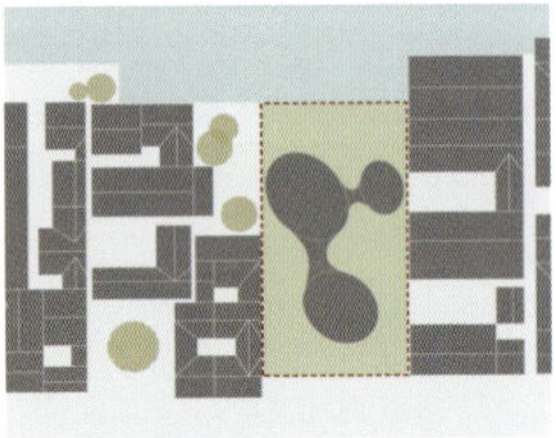

× 不宜出现异形建筑，包含椭圆建筑、抽象平面建筑、大面积弧形建筑。

体量

新建筑在建筑边界限定内的体量，保持与周边传统民居建筑体量一致。

立面形态

新建筑需与相邻建筑在立面形态上保持协调。

正确示例

○ 新建筑需与相邻建筑立面在形态上保持协调。

错误示例

× 新建筑高度超过 12 米。

× 过于艳丽的大面积色彩不属于古镇整体色调。

× 不宜出现瓷砖墙面。

参考文献

[1] 《新场镇志》编纂委员会．新场镇志 [M]. 北京：方志出版社，2004.

[2] 杨潜．绍熙云间志 [M]. 台北：大化书局，1987.

[3] 张修桂．上海地区成陆过程概述 [J]. 复旦学报（社会科学版），1997(1)：79.

[4] 上海市浦东新区史志编纂委员会．川沙县续志 1986—1992[M]. 上海：上海社会科学院出版社，2004.

[5] 《上海水利志》编纂委员会．上海水利志 [M]. 上海：上海社会科学院出版社，1997.

[6] 郑獬．郧溪集 [M]. 1736.

[7] 孙星衍，莫晋．嘉庆松江府志 [M]. 宋如林，修．上海：上海书店出版社，1991.

[8] 松江府续志 [M]. 台北：成文出版社，1974.

[9] 上海市南汇县县志编纂委员会．南汇县志 [M]. 上海：上海人民出版社，1992.

[10] 张文虎．南汇县志(1—3)[M]. 台北：成文出版社，1970.

[11] 佚名．三林乡志残稿 [M]. 上海：上海社会科学出版社，2006.

[12] 傅璇琮．国家图书馆藏地方志珍本丛刊 [M]. 天津：天津古籍出版社，2016.

[13] 林拓．历史时期上海浦东地区经济开发与政区演变的相关研究 [J]. 经济地理，2000(2)：57-62.

[14] 袁菲，葛亮．上海浦东大团 [J]. 城市规划，2015(11)：39-40.

[15] 谭其骧．上海市大陆部分的海陆变迁和开发过程 [J]. 考古，1973(1)：2-10.

[16] 秦锡田．光绪南汇县续志 [M]. 严伟，刘芷芬，修．上海：上海书店出版社，1991.

[17]《松江县水利志》编志组．松江县水利志 [M]. 上海：上海社会科学院出版社，1993.

[18] 雅各布斯．美国大城市的死与生 [M]. 金衡山，译．南京：译林出版社，2005.

[19] 李金明，周建忠．古建筑瓦工 [M]. 北京：中国建筑工业出版社，2004.

[20] 阮仪三，袁菲，葛亮，等．上海市新场历史文化风貌区保护规划（草案）[C]. 2007.

[21] 上海市房地产科学研究院．上海历史建筑保护修缮技术 [M]. 北京：中国建筑工业出版社，2011.

[22] 阮仪三，袁菲，葛亮．新场古镇：历史文化名镇的保护与传承 [M]. 上海：上海东方出版中心，2014.

[23] 王大年．上海优秀老建筑修缮实务 [M]. 北京：中国建筑工业出版社，2014.

[24] 上海市住房保障和房屋管理局．优秀历史建筑保护修缮技术规程 [M]. 上海：同济大学出版社，2014.

后记

新场，从数千年前的海陆变迁一直到今天的浦东新区，每一个时代自然和社会的连续变化都能在这里找到清晰的历史足印，它记录了数十代浦东人民励精图治建设浦东的伟大历程。很荣幸，在新场申报世界文化遗产的时候，我们能参与到新场的历史文化保护事业中来。

《新场意匠：新场古镇历史文化风貌区设计与管理导则》的制定、深化和实施工作持续了近六年的时间，在卢永毅老师亲自带领下，我们数十次顶着烈日做现场调研和历史建筑的测绘研究。新场仿佛一处历史的宝藏，每一条平凡巷弄背后都能发现曾经繁华的院落，每一个不经意角落里都有可能隐藏了精美的历史建筑细部，而不同地域建筑文化碰撞随处可见。同时，在复旦大学张晓虹老师和张靖华博士的帮助下，我们建构出从宏观历史地理到微观建筑符号的一整套对新场历史建筑价值多维理解和呈现的系统，这对历史保护是尤为重要的。因为历史保护不仅仅是规章制度、专家技术，多年的保护工作告诉我们，更重要的是社会各界对历史的观念和审美的改变。完整清晰地呈现出新场历史建筑群的价值体系，让更多的人意识到它的历史价值和意义，亦有益于提升人们的历史审美，才能真正做到各方力量在价值观层面的一致性，真正保护并利用好我们的历史遗产，从根本上推动历史保护的工作进程。

当然，历史保护更是全社会的共同利益所在，不可或缺的是跟当地居民交流，了解他们对提升居住环境品质的要求；跟当地的商户做交流，了解他们对经营环境的需求；跟政府部门交流，了解他们管理方面的困惑。在这些交流沟通工作的基础上，我们的历史保护才能与今天现代生活的各种要求相融合，才能更有效地把历史保护的意义传递出去。

在这个过程中，感谢上海市浦东新区新场镇人民政府对历史文化的重视和远见，为我们保护工作的顺利开展提供了强有力的支持；同济大学的阮仪三教授和伍江教授也为我们的工作提供了指导；新场各界人士更是不遗余力地支持我们的工作。这本书的出版更要感谢保护规划团队辛勤的工作，新场的每个院落都留下了你们爬上爬下的身影，每块石板上都洒下了你们辛勤的汗水，记住这些名字：陈呈青、杨少波、应伊琼、刘培爽、黄睿、谢晓梅、尹晓飞、周润涛、盛嫣茹、张磊、岳才艳、蔡笠、陈文俊、胡麟、靳煦婷、唐人凤、刘世琦、张灵君、刘石梁、刘传强、谭正、何晓姗、白景景、袁力、许悦……

最后，欢迎看到这本书的人都能到新场来看看，看看这座成长于浦东沃土的古镇，看看浦东千年的乡土故事。

刘培爽《海边水乡新场古镇》插画作品

工作照

沈申元《新场密码》书法作品

摄影：张磊、刘文毅、上海联创设计集团股份有限公司
手绘插图（封面）：刘培爽

图书在版编目（CIP）数据

新场意匠：新场古镇历史文化风貌区设计与管理导则 / 宣磊编著 . -- 上海：同济大学出版社，2025.7
ISBN 978-7-5765-0144-5

Ⅰ . ①新… Ⅱ . ①宣… Ⅲ . ①乡镇 - 古建筑 - 保护 - 研究 - 浦东新区 Ⅳ . ① TU-87

中国版本图书馆 CIP 数据核字 (2022) 第 029192 号

上海文化发展基金会图书出版专项基金资助项目

新场意匠：新场古镇历史文化风貌区设计与管理导则

宣磊　编著

责任编辑　江　岱　金　言
助理编辑　周希冉　周　轩
责任校对　徐春莲
装帧设计　胡佳颖

出版发行　同济大学出版社 www.tongjipress.com.cn
（地址：上海市四平路 1239 号　邮编：200092　电话：021-65985622）
经　　销　全国各地新华书店
印　　刷　上海安枫印务有限公司
开　　本　889mm × 1194mm　1/32
印　　张　11.75
字　　数　316 000
版　　次　2025 年 7 月第 1 版
印　　次　2025 年 7 月第 1 次印刷
书　　号　ISBN 978-7-5765-0144-5
定　　价　128.00 元